SIMON BARNES

Vom Glück, einen Vogel am Gesang zu erkennen

Übersetzung aus dem Englischen:
Gerrit ten Bloemendal

Illustrationen:
Christopher Schmidt

Neumühlen 17, 22763 Hamburg, www.edelbooks.com
2. Auflage 2019

Projektkoordination: Dr. Marten Brandt
Lektorat: Caroline Katzianka, Dr. Marten Brandt
Übersetzung der Gedichte: Silvia Paetz
Layout: schaefermueller publishing GmbH | Nina Maria Küchler
Satz: Datagrafix GSP GmbH
Illustrationen (Umschlag und Innenteil):
Christopher Schmidt | www.naturillustrationen.de
Umschlaggestaltung: Groothuis. Gesellschaft der Ideen
und Passionen mbH | www.groothuis.de
Druck und Bindung: optimal media GmbH,
Glienholzweg 7, 17207 Röbel / Müritz

Printed in Germany

ISBN 978-3-8419-0631-1

INHALT

Erstes Jahr Vogellauschen

Zweiter Frühling

MUSIK IN MEINEN OHREN

Stellen Sie sich vor, Sie sitzen in einem Café und im Hintergrund läuft Musik. Sie hören nicht, welche Musik es ist, welches Lied, Sie registrieren nicht einmal, dass überhaupt Musik läuft. Die Musik bildet eine Art Hintergrundrauschen.

Sie lesen vielleicht Zeitung, warten auf jemanden, mit dem Sie verabredet sind, oder unterhalten sich mit Ihrem Gegenüber. Wegen des Geräuschpegels und der Musik erheben Sie unbewusst Ihre Stimme.

Und auf einmal hören Sie das Lied. Ein Lied, das Ihnen persönlich etwas bedeutet, Sie an Ihre erste Liebe erinnert oder an einen besonderen Moment. Das Lied dringt in Ihr Bewusstsein, und Sie sind wie elektrisiert. Die Gefühle von damals sind schlagartig wieder da.

Die Musik ist aus dem Hintergrundrauschen herausgetreten, wie eine wichtige Botschaft, sie hat jetzt eine Bedeutung und mit ihr auch der Ort und die Zeit. Und auf einmal sind die Sinne hellwach, zählt jede Note, jedes Instrument, jedes Wort. Wie eine persönliche Nachricht, wenngleich Sie wissen, dass die Musikauswahl aus den Lautsprechern dem Zufallsprinzip folgt. Plötzlich lebt der Ort. Plötzlich leben Sie.

Was ich Ihnen mit diesem Buch vermitteln möchte, ist diese besondere Musik, die aufhorchen lässt – nicht für die Dauer eines Liedes, sondern für den Rest Ihres Lebens. Jedes Mal, wenn Sie einen Waldspaziergang machen, jedes Mal, wenn Sie auf dem Weg zur Arbeit einen Park durchqueren, jedes Mal, wenn Sie im Garten oder auf dem Balkon sitzen und einen Vogel singen hören, wünsche ich Ihnen, dass diese Töne für Sie eine Bedeutung erhalten. Denn der Vogel wird *Ihr* Lied singen.

LIEDER FÜR DAS ÜBERLEBEN

Vögel singen. Für uns mag das interessant, bereichernd, bezaubernd sein. Für den Vogel geht es um Leben und Tod. Jeder Vogel singt *sein* ganz eigenes Lied. Seine wichtigste Botschaft dabei ist zu zeigen, welcher Art er angehört. Denn was nutzt es einer Amsel, einem Zaunkönig ein Liebeslied zu trällern? Für eine Amsel ist wichtig, dass sie wie eine Amsel klingt.

Fitisse und Zilpzalps sind optisch kaum voneinander zu unterscheiden. Ein Zilpzalp hat meist dunklere Beine, aber das ist nur aus der Nähe zu erkennen – für Vogel und Mensch gleichermaßen. Doch, und das macht das Ganze kompliziert, diese Regel gilt nicht immer. Wer schon einmal Vögel beringt und einen Fitis in seinem Vogelnetz gefangen hat, der weiß, dass es noch einen weiteren Unterschied gibt: Fitisse haben längere Flügel. Der Grund ist, dass Fitisse in Afrika überwintern, und sie benötigen deshalb größere Flügel als Zilpzalps, die ihr Winterquartier in Südeuropa aufschlagen. Fitisse fangen ihre Artgenossen nicht mit einem Vogelnetz und vermessen auch nicht die Flügel. Um zu zeigen, dass sie ein Fitis sind, singen sie.

So ähnlich sich die beiden Vogelarten rein äußerlich sind, so verschieden ist ihr Gesang. Man muss sie also nicht einmal sehen, um sie zu unterscheiden. Erfahrene Vogelbeobachter wissen das, ihnen genügt es, den Vogel zu hören. Und den Vögeln genügt das auch.

Wir Menschen unterscheiden uns von den meisten Säugetieren. Ein Großteil der Säugetiere hat einen hochentwickelten Geruchssinn, Hunde sind ein gutes Beispiel. Sie können eine breite Palette von unterschiedlichen Duftnuancen wahrnehmen, es ist ihre Art Nachrichten auszutauschen, zu kommunizieren. Die meisten Vögel riechen wie wir Menschen, und das heißt: nicht besonders gut.

Manche Geier können Aas per Geruch aufspüren, und Albatrosse entdecken dank ihrer feinen Nase Fische. Auch Nachtschwalben und Mauersegler haben einen ausgeprägten Geruchssinn, doch dieser hat bei Vögeln gemeinhin nicht annähernd die Bedeutung wie bei Hunden. Sie brauchen ihn auch nicht, denn sie kommunizieren anders als Hunde: Sie schnüffeln nicht, sie singen. Und der Vogelgesang berührt unser Herz.

Wie für die Vögel ist auch für uns Menschen das Sehen und Hören wichtig. Es ist sogar überlebenswichtig. Vögel bringen Farbe in unser Leben, und mit dem Schönsten, das sie besitzen, ihrem Gesang, betören sie uns.

Wer lernt, Vogelstimmen zu erkennen, wird nicht nur ein besserer Vogelbeobachter. Er bekommt auch die Chance, den vielfältigen Soundtrack unseres Planeten Erde zu verstehen.

DAS ROTKEHLCHEN

Vögel singen vor allem im Frühling, und daher ist der Winter die beste Zeit, sich dem Phänomen zu nähern. Vögel singen, um ein Revier abzustecken, eine Partnerin zu gewinnen und gegen Konkurrenten zu verteidigen. Mit anderen Worten: Die meisten Sänger sind Männchen, und ihr Gesang steht im Zusammenhang mit der Fortpflanzung, die im Frühling geschieht.

Ob Wald, Park oder Garten, im Frühjahr ertönt eine herrliche Symphonie an Vogelstimmen. Bei Tagesanbruch hebt sie an, wie von einem unsichtbaren Dirigenten gesteuert, in einer genau festgelegten Abfolge, dessen Prinzip uns jetzt, am Beginn unserer Beschäftigung mit Vogelgesang, noch weitestgehend verschlossen ist. Das Frühlings-Morgenkonzert ist einfach großartig und lässt einem das Herz aufgehen. Für Anfänger ist jedoch kaum nachvollziehbar, wer da wann und wie singt. Wer die einzelnen Instrumente eines Orchesters heraushören möchte, sollte nicht gleich mit dem letzten Satz von Beethovens „Neunter" beginnen. Aber es ist auf jeden Fall ein lohnendes Ziel, das zu einem tieferen Verständnis und letztendlich noch einer größeren Freude an der „Ode an die Freude" führt.

Beschränken wir uns also auf einige Solisten, um nicht völlig durcheinander zu geraten. Wenn Sie an einem windstillen, klaren Wintertag in einem Garten, einem Park, einem Waldstück spazieren gehen, dann ist die Wahrscheinlichkeit groß, dass Sie ein Rotkehlchen hören. Schon deshalb, weil es der einzige Vogel ist, der den ganzen Winter hindurch singt. Rotkehlchen singen sogar die meiste Zeit des Jahres, während fast alle Arten ihren Gesang nach der Brutzeit einstellen. Zwar verstummen auch die Rotkehlchen im Hochsommer für kurze Zeit, wenn sie in der Mauser sind. Dann

ist Aufmerksamkeit das Letzte, was sie brauchen. Aber bereits im Herbst legen sie wieder los, und sobald der Frühling auch nur zu erahnen ist, bilden Rotkehlchen wieder Pärchen, häufig mit dem gleichen Partner wie im vorangegangenen Jahr. Frühmorgens beginnen sie als Erste und verstummen abends als Letzte. Übrigens singen beide Geschlechter, um ihr Revier zu verteidigen.

Hören Sie sich an einem solchen Wintertag einmal in Ruhe den Gesang der Rotkehlchen an. Am besten lernen Sie durch Hören, Hören, Hören. Es ist schwer, den Klang eines Cellos oder eines Cellostückes von Bach zu beschreiben, aber in einem Bereich unseres Gehirns können wir Klänge auch ohne verbale Zuordnung speichern. Dieser Bereich lässt sich durch Zuhören aktivieren. Am Anfang muss man sich ziemlich anstrengen, aber relativ schnell ist das Gehörte verinnerlicht. Bald werden Sie ein Rotkehlchen ohne große Mühe erkennen.

Der Haken ist, dass Rotkehlchen nicht nur ein einziges Lied haben. Lassen Sie sich aber nicht entmutigen. Auch wenn Rotkehlchen gerne variieren und einen großen Liedschatz in ihrem Repertoire haben, der Klang ihrer Stimme ist doch immer der gleiche. Ob Sie Bach oder ein irisches Tanzlied auf einer Geige spielen, es ist und bleibt eine Geige. Und so klingt ein Rotkehlchen immer wie ein Rotkehlchen: Es hat eine dezente, schöne, etwas gequetschte, aber glasklare Stimme. Als ich anfing, Vogelstimmen zu lernen, habe ich das Lied des Rotkehlchens mit seinem feinen Schnabel assoziiert, der dazu geschaffen ist, Insekten aufzusammeln.

So niedlich Rotkehlchen aussehen und so schön sie singen, so aggressiv können sie sein. Die rote Brust signalisiert: Ich bin stark, legt euch nicht mit mir an. Während der Balz plustern männliche Rotkehlchen ihre roten Brustfedern auf, sobald sie andere Rotkehlchen mit roten Brustfedern sehen – auf dem Höhepunkt der Balz sogar, wenn sie irgendetwas Rotes sehen. Dieses Aufplustern geht nicht selten in einen Angriff über, wenn der Gegner ein Rivale ist, der nicht klein beigeben will. In unseren Ohren klingt der Gesang freilich keineswegs kriegerisch, sondern eher lieblich, ja sogar ein wenig melancholisch. Manche behaupten, der Gesang klänge immer melancholischer, je näher der Winter rückt.

Hören Sie dem Rotkehlchen zu, wann immer es Ihnen möglich ist. Halten Sie inne und lauschen Sie. Bald schon werden Sie seine Stimme verinnerlicht haben und von Stimmen anderer Arten unterscheiden können. Stellen Sie Ihr Gehör darauf ein, lernen Sie Schritt für Schritt.

Und freuen Sie sich darauf.

IM ZWEISTELLIGEN BEREICH

Erkennen Sie nun das Lied des Rotkehlchens? Wenn ja, dann dürfen Sie sich beglückwünschen. Denn eigentlich befinden Sie sich jetzt schon im zweistelligen Bereich: Sie können nun etwa zehn Vogelarten ihre jeweiligen Stimmen zuordnen. Wieso das? Weil es erfahrungsgemäß so ist, dass Sie, sobald Sie sich für etwas zu interessieren beginnen, entdecken, dass der Lernprozess eigentlich schon seit Jahren irgendwie unterbewusst stattgefunden hat.

Dinge und Phänomene einzuordnen, ist ein Urinstinkt des Menschen. Wir tun das, um die Welt zu verstehen. Wir zerlegen Dinge und stecken sie anschließend in die richtige Schublade. Wir akzeptieren nicht einfach so, dass gewisse Vögel eine rote Brust haben und andere nicht: Wir trennen jene mit einer roten Brust von den anderen und nennen sie Rotkehlchen – der Beginn einer groben Unterscheidung von Vogelarten. Dies tun übrigens nicht nur Wissenschaftler. Jeder Mensch ordnet Dinge in Kategorien ein. Wenn man etwas interessant findet – Popmusik, Filme oder Autos –, dann geschieht es fast von selbst, dass man die Dinge in immer differenziertere Unterkategorien untergliedert. Das ist nicht nur ein Folksong, sondern ein frühes Stück von Bob Dylan. Das ist nicht lediglich ein Film mit Untertiteln, sondern einer von Fellini. Das ist nicht nur ein alter Sportwagen, sondern eine AC Cobra. Für die meisten Menschen ist ein Schwan ein Schwan, Ende der Kategorisierung. Für einen Vogelbeobachter jedoch ist es wichtig zu wissen, dass es von dieser Gattung hierzulande drei verschiedene Arten gibt und weltweit sogar noch vier weitere.

Natürlich kategorisieren wir nicht nur das, was wir sehen, sondern auch das, was wir hören. Wir wissen, dass Klang XY eine Trompete ist und dass eine Trompete ein Musikinstrument ist. Wir wissen, wie ein Presslufthammer klingt und dass es sich dabei um eine Maschine handelt. Und wir wissen, dass ein bestimmtes Geräusch von einem bellenden Hund stammt. Aufgrund dieses Vorgehens können wir auch einige Vögel anhand ihrer Stimmen benennen, ohne dies explizit erlernen zu müssen.

Zum Beispiel die Ente. Ich brauche Ihnen nicht zu erzählen, dass Enten quaken. (Im Laufe der Vogelbeobachtung werden Sie auch Enten kennenlernen, die pfeifen oder wie Männer klingen, die einen Blick durchs Schlüsselloch riskieren, aber dazu später.) Sogar Menschen, die sich in keinster Weise für Natur interessieren, wissen, dass eine bestimmte Art von Quaken zu einer Ente gehört. Die meisten heimischen Hausentenrassen wie etwa Pekingente, Indische Laufente oder Warzenente sind Züchtungen auf Grundlage von Stockenten, und genau wie sie quaken auch diese Rassen. Die Gleichung „Quak = Ente“ ist für nahezu alle Menschen auf der Welt gültig.

Eine Krähe krächzt. Ihr Name verrät viel über ihre Stimme, wie bei so vielen Vögeln, deren Namen lautmalerisch sind. So heißt die Krähe etwa im Mittel- und Altenglischen *crawe* und im Niederländischen *kraai*. Mit dem alten englischen Namen wurden vermutlich sowohl Aaskrähen als auch Saatkrähen bezeichnet, schließlich sind beide große schwarze Rabenvögel. (Es gibt feinere Einteilungen von Krähen, so wie es feinere Einteilungen von so ungefähr allem in der Natur gibt.) Wer das murmelnde Krächzen von Saatkrähen auf einem Friedhof oder das ärgerlich klingende Gekrächze einer Aaskrähe hört, der weiß, dass es sich dabei um Krähen handelt.

Wir alle kennen auch den Ruf einer Eule, die meisten vermutlich aus Filmen als Untermalung einer Szene auf einem nächtlichen Friedhof. Neben einigen seltenen Arten, auf die wir an dieser Stelle nicht weiter eingehen wollen, gibt es drei Arten von Eulen bzw. Käuzen, deren Stimmen man durchaus bei einem Spaziergang abends auf dem Land lauschen kann. Wenn Sie ein schauerliches, bühnenreifes „Wu-uuu-uuu" in der Dunkelheit hören, handelt es sich um eine Eule oder einen Kauz. Einen männlichen Waldkauz, um genauer zu sein.

Der Ruf von Möwen besteht aus mehreren Schreien. Hört man in einer Fernsehsendung Möwen, dann ist ohne weitere Information sofort klar, dass das Ganze sich irgendwo an der Küste abspielt. Es sind meist Silbermöwen. Sie verfügen über eine begrenzte Skala an Lauten, aber der genannte Ruf ist typisch für sie.

Tauben gurren. Hierzulande gibt es diverse Taubenarten, und obwohl ihre Stimmen unterschiedlich sind, haben sie eines gemeinsam: Sie gurren. Später werden wir versuchen, die Laute der Tauben noch genauer zu unterscheiden.

Eine Studie hat gezeigt, dass viele junge Menschen nicht einmal annährend wissen, wie der Ruf eines Kuckucks klingt. Die Ursache dafür liegt nicht nur darin, dass wir uns immer weiter von der Natur entfernen, sondern auch darin, dass der Kuckuck immer mehr verschwindet. Anders als früher ist dieser Vogel heutzutage eine eher seltene Erscheinung. Dennoch wissen wohl die meisten Menschen, dass ein „Ku-kuck" von einem Kuckuck stammt.

Und noch einer: der Specht. Ein plötzliches kurzes Hämmern, eine Art Trommelfeuer an einem Baum – und schon ist klar, dass hier ein Specht am Werk ist. Sie finden, das zählt nicht, da der Specht nicht singt, sondern mit seinem Schnabel einen Stamm bearbeitet? Das ist für die Spechte das Gleiche. Denn das Hämmern deutet nicht darauf hin, dass sie auf Nahrungssuche sind, sondern vielmehr dient es der Reviermarkierung. Sie sind zwar eher Perkussionisten als Sänger, aber der Ton, den sie hervorbringen, ist laut und für uns Menschen gut hörbar. Wahrscheinlich handelt es sich um einen Buntspecht, aber, wie bereits gesagt, wir kümmern uns erst später um die Unterscheidung der verschiedenen Arten. Zunächst geht es nur darum, dass jeder weiß, wie ein Specht klingt.

Wie Sie sehen, sind Sie keineswegs taub für die Klänge der Natur. Niemand ist das. Sie nehmen mehr wahr, als Sie vielleicht denken. Wer die Stimme des Rotkehlchens mit geschlossenen Augen erkennt, kann sicher auch die Stimmen von acht weiteren Vögeln zuordnen. Wahrscheinlich kennen Sie auch das beruhigende Lied der Amsel und die Schreie von Mauerseglern. Und wenn Sie ein endloses Lied hören, das aus größerer Höhe auf Sie hinunterprasselt, dann wissen Sie, dass es von einer Feldlerche stammt.

Und schon sind Sie im zweistelligen Bereich.

DAS EIGENE REVIER

Vögel singen, um ihre Revier zu verteidigen. Das ist sogar einer der Hauptgründe, warum sie singen – was unserem Gefühl von ergreifender Schönheit vielleicht widerspricht. Den Begriff „Revier" sollten wir jedoch nicht nach menschlichem Verständnis im Sinne von Eigentum begreifen. Ein Revier ist kein Eigentum. Und genauso wenig ist der Vogelgesang gleichzusetzen mit der traditionellen Begrüßungsformel: „Was zum Teufel machst du auf meinem Grundstück?"

Revier ist Leben. Mehr nicht. Es ist ein Bereich, den ein Vogel braucht, um Nachwuchs aufzuziehen, ein Bereich, den er verteidigen will und muss. Bei den meisten bekannten Sängern ist dieses Verteidigungssystem dreistufig. Die erste Stufe ist Gesang. Lässt die Bedrohung nicht nach, folgt die zweite Stufe: Aufplustern. So wie zum Beispiel ein Rotkehlchen seine roten Brustfedern aufplustert. Manche Vögel senken den Kopf und strecken den Schnabel heraus, andere richten ihre Schnäbel nach oben und zeigen ihr Brustgefieder. Die Bedeutung ist klar: „Leg dich nicht mit mir an! Sonst hast du ein Problem." Der Sinn von Gesang und Aufplustern besteht also darin, eine Auseinandersetzung zu vermeiden. Und damit wären wir bei der dritten Stufe: der Auseinandersetzung, bei der der Heimvorteil große Bedeutung hat.

Ein Revier ist eine variable Größe. Für viele Seevögel ist der Raum, den sie verteidigen, nur einen Quadratmeter groß – der aktuelle Nistplatz. Kein Vogel beansprucht einen Teil des Ozeans nur für sich. Das wäre auch sinnlos, denn Fischschwärme halten sich niemals an einem festen Platz auf. Ein Waldkauz aber bleibt zeit seines Lebens in seinem Revier, wenn er es einmal gefunden hat.

Zahlreiche Singvögel haben ein saisonales Territorium, das als Brut- und Nahrungsrevier dient. Die Größe eines solchen Reviers wechselt oftmals stark: Ist das Nahrungsangebot groß, begnügen sich die Vögel mit kleineren Revieren, ohne dass es zu wechselseitigen Spannungen oder gar Revierverletzungen kommt. Grasmücken etwa haben nur ein sehr schwach ausgeprägtes Revierverhalten. Sie verteidigen meist nur den Bereich, in dem sie gerade auf Nahrungssuche sind.

Wenn ein Vogel zur Verteidigung seines Reviers singt, dann sollte das Revier so geartet sein, dass seine Stimme auch die äußersten Ränder erreicht und es rundherum ausreichend Artgenossen gibt, gegen die er sein Territorium verteidigt. Rivalen sind immer Artgenossen – unterschiedliche Arten stehen in der Regel nicht in Nahrungskonkurrenz zueinander. Eine Blaumeise hält Ausschau nach kleinen Raupen auf den Enden von Ästen, während Kohlmeisen größere Beutetiere in Stammnähe bevorzugen und Amseln am liebsten am Boden auf Nahrungssuche gehen. Für die Amsel sind andere Amseln das Problem – Meisen, ob Blaumeisen oder Kohlmeisen, interessieren sie nicht im Geringsten.

Singen hilft. Schon der Gesang an sich genügt in der Regel, um das Revier erfolgreich zu schützen. In einem Experiment konnte nachgewiesen werden, dass Artgenossen die Reviergrenzen einer Kohlmeise weiterhin respektierten, obwohl diese nicht mehr dort lebte und das Lied des Männchens aus Lautsprechern kam.

Reviere sind wichtig, um dort Nahrung zu finden, eine Partnerin anzulocken oder zu behalten und um sich vor Räubern zu verstecken. Letzten Endes ist das Ziel für einen Vogel immer, Nachwuchs zu zeugen oder, wie Richard Dawkins es ausdrücken würde[1], seine unvergänglichen Gene weiterzureichen.

---

1 Richard Dawkins: Geschichyten vom Ursprung des Lebens. Eine Zeitreise auf Darwins Spuren, Berlin 2008.

Bei Revieren geht es jedoch nicht um Angeben oder um Eigentum oder um die Frage, wer das größere hat. Reviere sind wichtig für das Überleben, und somit ist auch das Lied, mit dem der Vogel sein Revier verteidigt, ein Lied des (Über)Lebens. Wir sind Menschen und gehören zur Klasse der Säugetiere; Vögel gehören der Klasse der Vögel an. Wie Vögel reagieren wir Menschen sehr stark auf Geräusche. Hören wir das Lied des Lebens, dann registrieren wir das. Wir reagieren mit unserem Bauch und mit unseren Emotionen auf den Gesang, der die Gemüter der jeweiligen Artgenossen bewegt. Gesang, der bei den männlichen Zuhörern Rivalität, Respekt und auch Furcht auslöst – wenn er denn gut ist. Der Gesang erregt jedoch auch die Gefühle von Weibchen – das aber ebenfalls nur, wenn er gut ist. Wie wir Menschen sind auch Vögel anspruchsvolle Hörer.

2006
Zaunkönig

DER ZAUNKÖNIG

Ein milder Wintertag. Die Sonne hat noch kaum Kraft, es zeigen sich aber schon Schatten am Boden. Sie sind gut gelaunt, denn dieser Tag verheißt das Ende des Winters. Sie hören ein Rotkehlchen mit schöner Stimme, das genauso euphorisch auf das herrliche Wetter zu reagieren scheint wie Sie. Und dann hören Sie noch einen anderen Gesang. Erstaunlich laut und ungefähr auf Kniehöhe.

Das ist ein Zaunkönig. Eine schnelle Abfolge unterschiedlicher Töne, auf die immer wieder ein lauter, heftiger Triller folgt. Wenn Sie Ihre Zunge von hinten gegen die Zähne schnalzen lassen, als wollten Sie einen Presslufthammer imitieren – dann wissen Sie, wie der Zaunkönig ruft. Der Zaunkönig gehört zwar zu den kleinsten Vögeln unseres Landes – in Ihre Handflächen passen locker ein Dutzend oder mehr –, aber wenn er singt, wird er richtig laut. Wer schon mal einen Zaunkönig mit aufgestelltem Schwanzgefieder hat singen sehen, der hat sich sicher gewundert, dass all die Energie, die er in seinen Gesang steckt und die seinen ganzen Körper und die Flügel erzittern lässt, ihn nicht zerreißt.

Den Triller am Ende des Liedes sollte man sich gut merken. Wer ihn einmal wahrgenommen hat, wird ihn immer wieder erkennen. Das Problem daran ist nur, dass der Zaunkönig ihn nicht immer vollführt. Vor allem in den Wintermonaten, wenn er also nicht gerade dabei ist, ein Revier zu gründen, lässt er ihn gerne weg. Dafür fängt er schon früh im Jahr an zu singen und reagiert auf die verheißungsvollen Luftveränderungen.

Wenn Sie also im Winter ein lautes und schrilles Lied hören, das nicht von einem Rotkehlchen stammt, dann halten Sie kurz inne und hören Sie genau hin. Wahrscheinlich wird bald der Triller folgen und spätestens dann wissen Sie, wer der Urheber ist. In der Folge werden Sie das Lied schon bei den ersten Tönen erkennen, nicht zuletzt auch daran, woher diese kommen: Kniehöhe plus laut macht Zaunkönig.

Wer dem Zaunkönig gelauscht und sich dessen Gesang eingeprägt hat, wird ihn vermutlich etwas, sagen wir mal, eintönig finden. Zumindest nicht so, dass es einen umwirft. Ein paar schwingende Töne, dann der Triller – und … ja … das war's. Mechanisch, monoton, fantasielos. Dennoch steckt hinter diesem kurzen explosiven Lied ein großes Mysterium.

Nimmt man den Gesang des Zaunkönigs auf und spielt ihn deutlich verlangsamt ab, dann stellt man fest, dass er anders klingt und auch deutlich komplexer ist, als man zunächst meinte. In ornithologischen Kreisen hat die verlangsamte Wiedergabe von Vogelgesang in den letzten Jahren an Bedeutung gewonnen. Es ist, als würde man das Lied unter ein Mikroskop legen. So entdeckt man, dass ein Vogellied viel mehr enthält, als man meinen würde oder herausgehört hat. Ich habe ein Zaunköniglied, das ursprünglich 8,25 Sekunden dauerte, in einer verlangsamten Wiedergabe von 66 Sekunden gehört. Die Veränderung war verblüffend: Inmitten der schnellen Töne offenbarte sich ein süßes, gemächliches melodiöses Muster. In jenem Lied sang der Zaunkönig unglaubliche 103 Töne oder anders gesagt: Er sang mit einer Geschwindigkeit von 740 Noten pro Minute. Für einen Menschen absolut unerreichbar. Kein Wunder, dass der Mensch all diese verschiedenen Töne auf die Schnelle nicht unterscheiden kann. So fein ist unser Gehörsinn dann doch nicht.

Aber kann ein Vogel diese vielen Töne unterscheiden? Wahrscheinlich schon. Was sollten wir sonst auch annehmen, denn irgendeinen Grund muss dieser Wasserfall an Tönen ja haben. Die

Schwarzkehl-Nachtschwalbe, ein in Amerika beheimateter Vogel, ist berühmt für ihren weit tragenden Ruf, der aus drei Tönen besteht. Vermeintlich, denn bei der verlangsamten Wiedergabe ihres Liedes stellte man fest, dass der Vogel in Wahrheit fünf Töne singt.

Die Spottdrossel ahmt den Gesang zahlreicher anderer Vögel gerne nach, und dabei ist das Lied der Schwarzkehl-Nachtschwalbe einer ihrer Favoriten. Wird das von der Spottdrossel imitierte Lied der Nachschwalbe verlangsamt wiedergegeben, stellt man verblüfft fest, dass auch sie fünf Töne singt. Anscheinend muss man also ein Vogel sein, um das Lied eines anderen Vogels vollends verstehen und schätzen zu können. Vogellieder sind deutlich komplexer und differenzierter, als wir Menschen es wahrnehmen können, und so bleibt uns nur, unser Bestes zu versuchen.

SPRECHENDE VÖGEL

Wann ist ein Lied kein Lied? Wenn es sich um einen Ruf handelt. Manche Vögel erzeugen Klänge aus anderen Gründen als zur Verteidigung ihres Reviers oder zum Anlocken einer Partnerin. Und um das Ganze noch interessanter zu machen, geben manche Vögel auch Töne von sich, um auf ihr Revier aufmerksam zu machen. Allerdings würden wir solche Töne nicht als Musik einstufen, geschweige denn als Lied betrachten. Das Krähen von Hausgeflügel, oder besser gesagt vom Haushuhn, dem wilden Vorfahren, fällt in musikalischer Hinsicht ganz gewiss nicht in die Nachtigall-Kategorie, ja nicht mal in die Zaunkönig-Klasse.

Und so ist das, was wir gemeinhin als „Lied" verstehen, begrenzt auf die Singvögel bzw. Sänger (*Oscines*), die zur Ordnung der Sperlingsvögel (*Passeriformes*) gehören. Die Singvögel gründen und verteidigen ihre Reviere mithilfe ihres Gesangs. So weit, so gut, wenn auch nicht sehr präzise. Die riesige Gruppe der Singvögel gliedert sich in weitere Untergruppen (die innere Systematik ist hier etwas unsicher und fließend). Zu den Singvögeln zählen etwa die Rabenvögel (*Corvidae*), also Kolkraben, Krähen, Elstern, Dohlen und Häher. Von diesen unterscheiden sich Vögel, die mit einem komplexen „Gesangsapparat" ausgestattet sind, mit dem sie unterschiedlichste Klänge und eben Lieder erzeugen können, zum Beispiel Finken, Meisen und Drosseln. Weltweit gibt es etwa 10.000 Vogelarten, die Gruppe der Singvögel ist mit etwa 4000 Arten die umfangreichste in der Vogelwelt.

Ein Gesang ist immer schön und auch wichtig. Nur erzeugen die meisten Vögel, teils auch die Sänger, eigentlich ständig irgendwelche Töne wie etwa „Piep". Außerdem geben alle Sänger auch Geräusche von sich, die man nicht als Lied bezeichnen kann. Wer außerhalb der Brutsaison einen Wald- oder Parkspaziergang macht, wird wohl kaum Lieder hören, andere Vogellaute aber durchaus. Vielleicht ist sogar ein Rotkehlchen oder ein Zaunkönig zu vernehmen, auch wenn sie nicht in dem Sinne singen. Als Warnruf erzeugen Rotkehlchen ein Geräusch wie ein sanftes Klicken, ebenso der Zaunkönig, wenngleich das Klicken bei ihm noch lauter und explosiver ist.

Ein Ruf ist in der Regel sehr kurz, meistens nur ein einzelner Ton. Verwendet wird er für viele verschiedene Zwecke: für die Kommunikation mit Artgenossen einer Gruppe, um vor Eindringlingen zu warnen, um Artgenossen dazu anzustiften, einem etwas gleichzutun, zur Warnung vor drohender Gefahr etwa durch einen Sperber oder einen Menschen, zum Drohen, zur Anforderung von Nahrung oder um allgemein Aufregung zum Ausdruck zu bringen.

Allerdings ist das Ganze keineswegs in Stein gemeißelt. Rufe sind eine komplizierte Angelegenheit. Auf eine drohende Gefahr reagiert der Vogel selten mit nur einem einzelnen Ruf. Die Art der Reaktion wird bestimmt vom Gefährdungsgrad und auch der Art der Gefährdung. Das ist praktisch für andere Vogelarten, für die die gleiche Art von Gefährdung ebenfalls eine Bedrohung darstellt. Ein Lied ist immer eine Botschaft für Artgenossen, während ein Ruf manchmal auch als eine Art Informationsaustausch zwischen Arten dient.

Rufe werden oftmals wiederholt, manchmal sehr schnell und mit unterschiedlicher Intensität. Die Alarmrufe der Misteldrossel, etwa wenn eine Elster ihrem Nest bedrohlich nahekommt, sind sehr heftig und dramatisch und werden ständig wiederholt, wobei die Intensität zunimmt und schließlich in unbändige Wut gipfelt. Wie das Lied kann auch der Ruf Empathie beim Menschen auslösen, allerdings nicht im Sinne von vermenschlichter, sentimentaler

Identifikation mit dem Tier, sondern mehr als atavistisches Mitgefühl mit einem Wesen als Opfer – was Menschen selbst auch erleben.

Vom Klang her ist der Ruf deutlich einfacher als ein Lied, zumindest als die Lieder, die die meisten Sänger erzeugen. Dennoch verbirgt sich hinter dem Ruf eine komplexe Idee. Denn Rufe können viele unterschiedliche Funktionen haben. Sie sind subtil, nuancenreich und variabel.

Unverrückbare Kriterien sind nicht immer sehr hilfreich. Beispiel: Es gibt Momente und Situationen, in denen sich die Kommunikation mittels Ruf mit der mittels Lied überschneidet. Etwa dann, wenn ein Ruf eine komplexe territoriale Funktion erfüllt. Dann gibt es eine Überschneidung, eine Grauzone zwischen Lied und Ruf.

Vögel kommunizieren miteinander. Oft tun sie dies mithilfe eines Liedes, das auch wir Menschen interessant und ansprechend, ja sogar bedeutsam finden. Darüber hinaus kommunizieren sie mittels Rufen, um wichtige Informationen auszutauschen. Wenn wir also dem Gesang von Vögeln lauschen, tun wir dies nicht nur aus ästhetischen Gründen oder aus reinem Spaß an der Freude. Wir stellen uns auch Fragen über das Wesen der Sprache, die Bedeutung von Klängen und Tönen, über Dinge, die uns mit den Tieren um uns herum verbinden, und über den Fortbestand der nichtmenschlichen Welt.

PII-UU!

Rotkehlchen lassen einen tickenden Ruf hören, Zaunkönige ebenfalls. Wie es ein Vogelführer beschreibt, macht das Rotkehlchen „Tick“ und der Zaunkönig „Scheck“. Klarer kann man es angesichts der Beschränkungen des geschriebenen Wortes nicht darstellen. Die beiden Rufe sind eigentlich leicht voneinander zu unterscheiden, vorausgesetzt, man hat sie beide verinnerlicht. Sie aber so zu beschreiben, dass ein Leser sie von Anfang an auseinanderhalten könnte, ist schier unmöglich. Hilfreich können da phonetische Transkriptionen sein, sie können aber auch verwirren. Ich bin ein Fan von Grüntauben, einem afrikanischen Vogel, der offenbar „Twiiju, tweety, tweety tweety, krrr, krrr, krrupp, krrr, krii etc.“ ruft. Ich liebe das „etc.“. Ein Vogelführer hat keine andere Wahl, als zu versuchen, das Ganze lautmalerisch darzustellen. In so einem Fall sind Aufnahmen natürlich sehr nützlich.

In diesem Buch werde ich phonetische Transkriptionen weitestgehend vermeiden, weil ich hoffe, dass Sie den Vögeln draußen lauschen. Wer also von einem rauen „Kwarr“ oder einem kurzen „Kwupp“ lesen möchte, muss sich anderer Quellen bedienen.

Wenn Sie das Gefühl haben, leer auszugehen, dann ist Bill Oddie schuld. Denn in seinem herrlichen Buch „Little Black Bird Book“ hatte er großen Spaß an Lautschrift. So schrieb er: „Grob ein Dutzend verschiedene Arten machen offenbar ‚Pii-uu‘. Hierzu zählen Flussregenpfeifer, Sperlingskauz, Kurzehenlerche, Waldlaubsänger, Ringdrossel, Weidenmeise und Schneeammer – also sieben verschiedene Familien, ja gar Arten!“ Oddie illustriert seine

Beobachtung mit einer hübschen Zeichnung von sieben Arten, die im Chor „Pii-uu!“ singen.[2]

Draußen in der echten Welt klingen Vogelstimmen aber nicht mal annährend ähnlich.

---

2 „Bill Oddie's Little Black Bird Book“, New York 2011. In diesem Zusammenhang sei auf das wunderbare Buch „Singt der Vogel, ruft er oder schlägt er? Handwörterbuch der Vogellaute“ von Peter Krauss verwiesen (Berlin 2017).

WIE MAN UM DIE ECKE BLICKEN KANN

Wir werden uns der Beeinträchtigung unserer Sinneswahrnehmungen meist erst bewusst, wenn die Beeinträchtigung fehlt. So kann man das Phänomen der Lichtverschmutzung nur verstehen, wenn man an einem kalten Winterabend auf dem Land zu einem Himmel voller Sterne hinaufblickt. Noch besser ist es in der Wüste. Ich erinnere mich noch gut, wie ich einmal in der Namib-Wüste übernachtet habe. Das einzige Licht im weiten Umkreis war das meines Feuers. Es war eine mondlose Nacht, und der Himmel war eher weiß als schwarz. Ich hatte den Eindruck, jeden Stern im Universum sehen zu können.

In besiedelten Gegenden nehmen wir Folgendes einfach hin, ohne uns viele Gedanken darüber zu machen: ein Raum mit niedriger Decke und Kunstlicht, in den der Mond in wolkenlosen Nächten scheint. Manchmal steht er tief am Horizont, dieser seltsame Planet, wobei eine solche Konstellation eher selten zu sehen ist.

Ähnlich geht es uns auch mit Geräuschen. Wir haben uns an den Verkehrslärm gewöhnt. Sich diesem zu entziehen, ist nicht leicht. Meist blenden wir ihn einfach aus wie die Hintergrundmusik in einem Lokal (bis natürlich Ihr Lied gespielt wird). Das andauernde Rauschen unserer Zivilisation erzeugt ein Summen und Brummen in unseren Ohren. Dem zu entfliehen – indem man einen Ort besucht, an dem Motorengeräusche weit weg sind –, ist ein umwerfendes Erlebnis. Ist dieses Hintergrundrauschen einmal zum Erliegen gekommen, wacht das Ohr erst richtig auf. Stellen Sie sich vor, Sie sitzen am Ufer des Luangwa-Flusses in Sambia, wie ich es bereits einige Male getan habe. Oder Sie liegen in der Dunkelheit in Ihrem Bett oder sitzen an einem Feuer, während das Gespräch langsam verstummt. Dann hört man nur noch die Klänge und Töne der Natur und dahinter die Stille – die Abwesenheit des Menschen. Das Klingeln der Riedfrösche, das Zirpen der Grillen, das dreckige Gewieher der Flusspferde, der plötzliche Planscher, wenn eines von ihnen nach einem nächtlichen Weidegang morgens in den Fluss zurückkehrt, das Brüllen der Löwen, das Gelächter der Hyänen, der plötzliche Aufruhr in einer Truppe schlafender Paviane: Auf einmal wachen alle auf, weil sich in der Nähe ein Leopard herumtreibt.

Und dann sind da noch die Stimmen der Vögel: das Schnurren der Welwitsch-Nachtschwalben in unterschiedlichen Geschwindigkeiten, das Knurren des riesigen Uhus, die Geräusche der Zwergohreule, die leisen Wiederholungen des Bennett-Schwalms, der komplexe Pfeiflaut des Perl-Sperlingskauzes. Und die Kapturteltauben, schlafen die denn nie? Und was ist mit dem Waldkauz – Wu-uuu-uuu?

War es an dem Ufer dieses Flusses, dass mich Vogelstimmen, die Stimmen der Natur, in ihren Bann gezogen haben? Kam das, weil man da draußen seine Ohren braucht, um sich die Welt um einen herum vorzustellen? An diesen Orten, an denen der Mensch sich noch als Beutetier fühlt, braucht er seine Ohren. Mit ihnen kann er um die Ecken „blicken". Mit ihnen kann er hohes Grasland und dichtes Buschland durchdringen. Mit ihnen kann er in die Dunkelheit der Nacht sehen. Mit ihnen bleibt er am Leben.

Mithilfe der Ohren kann man – auch während eines Spaziergangs in einem Stadtpark – etwas von seiner Naturfremdheit ablegen. Mithilfe der Ohren fühlt man sich selbst noch mehr als das, was man ist: Teil einer großen irdischen Lebensgesellschaft.

DIE HECKENBRAUNELLE

Hören Sie an dem schönen Wintertag noch einen anderen Sänger, der aber, wie Sie inzwischen wissen, weder ein Rotkehlchen noch ein Zaunkönig ist, da der Triller fehlt und der Gesang nicht laut genug ist? Ein Durcheinander an Tönen, hastig zusammengewürfelt, eine Art monotones Geplapper? Manchmal nur ein kurzes Fragment, manchmal ein paar Bruchstücke – oder Strophen, wenn man so will – nacheinander, dazwischen eine kurze Pause …

Dann handelt es sich um eine Heckenbraunelle. Wenig freundlich formuliert, könnte man sagen: ein fader kleiner Vogel mit fadem Gesang. Letzterer ertönt aus Hecken und Sträuchern. Heckenbraunellen bevorzugen zwar nicht das kniehohe Leben wie Zaunkönige, werden aber dennoch vornehmlich unterhalb der Kopfhöhe angetroffen. Sie scheuen jegliche Form von Prunk, man kann sie aber, wenn man will, als Vögel des eleganten Understatements betrachten. Ihr Gefieder ist eine zurückhaltende Mischung aus Schwarz-, Grau- und Brauntönen – wie ihr Gesang.

Männchen haben ein Repertoire von acht verschiedenen Liedern, also durchaus eine Herausforderung für das Ohr. Der Gesang ist fröhlich, ja sogar übermütig. Es gibt Momente im zeitigen Frühjahr, in denen die Heckenbraunelle der einzige Sänger ist, dessen Stimme voll ausgebildet ist – und sie als Solist nur so frohlockt, bis die Kakophonie tagtäglich weiter anwächst und sie sich mit einer Position in den hinteren Chorreihen begnügen muss.

Fairerweise darf nicht unerwähnt bleiben, dass die Heckenbraunelle in einer Hinsicht durchaus auffällig ist, auch wenn man das aufgrund ihres faden Erscheinungsbildes nicht erwarten würde. Wie das manchmal so ist mit einem stillen Wasser, hat die Heckenbraunelle ein ausgeprägtes Sexualleben: Untreue und Betrug sind typisch für sie. Außer Singen und Paaren betreiben Männchen auch das sogenannte Kloakenpicken, bei dem sie versuchen, das Sperma von Rivalen aus der Kloake des Weibchens zu entfernen. Die Hecken unserer Städte und Dörfer sind ein Ort der Wollust. Deshalb der ganze Gesang.

ZEIT UND RAUM

Die Wahrscheinlichkeit, eine Ente in einem Eichenwald zu hören, ist denkbar klein. Und einen Kolkraben in Ihrem Garten ebenfalls. So werden Sie vermutlich auch kein Rotkehlchen am Strand von Amrum singen hören. Das ist aus zweierlei Gründen wichtig. Zum einen ist es für den Vogellauscher eine Erleichterung, der zweite Grund hat mehr mit dem Sinn des Lebens zu tun – also widmen wir uns zunächst dem ersten Grund.

Ein Vogelkenner – oder Naturkundler allgemein – zu werden, ist nicht schwierig. Grundvoraussetzung dafür ist nur, dass man die Gesetze von Zeit und Raum beherrscht. Denn Vögel singen, wie Blumen blühen und Schmetterlinge fliegen: zu bestimmten Zeiten und an bestimmten Orten. Um Vögel erkennen und verstehen zu lernen, muss man jene Zeiten und Orte kennen – oder auch umgekehrt. So entsteht eine Art positiver Teufelskreis. Jeder Besuch an einem Ort verstärkt das Verständnis dafür, welche Vögel dort leben, und jede Beobachtung eines Vogels verrät etwas über den Ort. Dieses Prinzip funktioniert bei der Zeit ebenso: Tageszeit, Jahreszeit.

Wie viele andere Lebewesen leben Vögel in einem ganz bestimmten Lebensraum. Ich erinnere mich noch, dass ich einmal den Ruf einer Heckenbraunelle nicht erkannte und dachte, es handele sich um einen unbekannten Strandläufer, und deshalb anfing, die Küste nach ihm abzusuchen. Ich war völlig auf Watvögel und andere Küstenvögel fokussiert, nicht ungewöhnlich, wenn man gerade im Wattenmeer ist und dort auf Ebbe und mit ihr auf das Eintreffen der Watvögel wartet. Der Ruf der Heckenbraunelle kam aus ein paar Sträuchern hinter meinem Versteck. Ich erkannte den

Vogel nicht, weil er sich, zumindest auf den ersten Blick, nicht in seinem normalen Umfeld aufhielt. Weil ich so sehr auf die Vögel am Strand konzentriert war, hatte ich die Sträucher hinter mir gar nicht wahrgenommen.

Die Stimme eines Vogels ohne jegliche Zusatzinformation zu erkennen, ist sehr schwer. Ich bin schon einige Male gescheitert, meistens bei Radiosendungen, wenn man mir den Bruchteil eines Vogelliedes vorspielte und mich bat, den Sänger zu identifizieren. Da fehlt mir der Hintergrund: Befinden wir uns gerade im späten Frühjahr im Garten oder mitten im Winter in einem Boot auf hoher See? Bei solchen Tests gehe ich immer schmachvoll baden.

Der menschliche Verstand braucht einen Kontext, nicht nur zur Identifikation, sondern auch um etwas vollends verstehen zu können. Normalerweise wird man in Hannover keine Dreizehenmöwe hören und auf den Felsen von Helgoland ebenso wenig einen Specht.

Und deshalb ist für das Erkennen von Vögeln auch die Kenntnis der Orte wichtig. Ob Rotkehlchen, Zaunkönig oder Heckenbraunelle – sie alle findet man in Gärten, Parkanlagen, Vororten oder Waldstücken. Sie sind Kulturfolger und halten sich gern in der Nähe des Menschen auf. Die von Menschenhand tiefgreifend kultivierte Landschaft ist ihr Lebensraum und gleichzeitig das Geheimnis ihres Erfolgs.

Andere Vögel benötigen andere Lebensräume, weil sie anders leben. Deshalb gibt es so viele verschiedene Vögel, wie es Lebensräume gibt, in denen Vögel sich auf unserem Planeten zu behaupten versuchen. Wenn Sie einen Vogel von einem anderen unterscheiden können, dann ist das nicht so, als hätten Sie Ihrer Briefmarkensammlung eine weitere Briefmarke zugefügt. Sie verstehen und erkennen dadurch die Grundmechanismen des Lebens: Das Leben braucht Vielfalt und eine Vielzahl von Lebewesen.

Vögel eignen sich wunderbar dazu, diese Erkenntnis zu erlangen. Sie unterscheiden sich nicht nur in Farbe und Gesang, sondern zeigen sich dem Menschen auch in großer Vielzahl. In Deutschland gibt es etwa 280 Vogelarten (je nach Quelle, in Österreich und der Schweiz jeweils etwa 240), von denen man mehrere Dutzend ohne Weiteres zu Gesicht bekommen kann, entsprechend mehr, wenn man sich die Mühe macht, seine Beobachtungen akribisch festzuhalten, und noch viel mehr, wenn man sein Hobby obsessiv betreibt. In Deutschland leben mehr als 30.000 Insektenarten, eine unglaubliche Zahl. Weltweit bringen Vögel es auf etwa 10.000 Arten, nicht mitgezählt die eine oder andere unbekannte Art, die noch nicht beschrieben wurde. Insgesamt aber eine Zahl, die noch beherrschbar scheint. Die Zahl der Insektenarten wird weltweit auf eine Million geschätzt, und da gibt es wiederum fünf oder gar zehn Millionen Arten, die noch auf ihre Beschreibung warten. Und jede von ihnen hat ihre eigene, speziell entwickelte Lebensart – so wenig vorstellbar wie die interstellaren Distanzen.

Deshalb konzentrieren wir uns lieber auf eine Zahl, die für uns noch fassbar ist und uns nicht schwindlig macht. Auf Vögel also. Schon wenn Sie ein paar kennen, führt das zu einem größeren Verständnis. Wenn Sie ein paar mehr hinzufügen und dann noch ein paar, stellt sich ein umfassenderes Verständnis fast von allein ein. Mit „Verständnis" meine ich nicht das Auswendiglernen von irgendwelchen Fakten, sondern mehr Verständnis in einem tieferen, intuitiven Sinne. Man kann sein Wissen über eine Person vergrößern, indem man deren Lebenslauf liest, aber auch und sogar noch besser, indem man sich mit ihr trifft und mit ihr spricht, sie kennenlernt, mit ihr lebt und sie vielleicht sogar liebt. All dies lässt sich auch auf die Natur draußen übertragen.

VOGELGESANG ALS LEBENSRETTER

Vogelstimmen zu erkennen, kann lebensrettend sein. Ich bin mir sicher, dass dies zumindest früher für unsere Vorfahren galt. Gut möglich, dass die ersten Menschen, die die afrikanischen Savannen durchquerten, ohne das Wissen um Vogelstimmen ausgestorben wären und die heutige Menschheit gar nicht erst entstanden wäre.

Stellen Sie sich vor, Sie befinden sich gerade in dichtem Buschland. Theoretisch käme man gut voran dank der zahlreichen Pfade und Wildwege, denen man folgen kann, wäre da bloß nicht die eingeschränkte Sicht von nur einigen Metern in alle Richtungen. Und dann auf einmal hören Sie einen fauchenden, gackernden Ruf. Sie halten inne, lauschen, ziehen eine Schlussfolgerung und werden entweder der Herkunft des Geräusches nachgehen oder einen großen Bogen um die Stelle machen, von der das Geräusch kam.

Nein, es handelt sich nicht um eine Schar von riesigen, wilden, menschenverspeisenden Vögeln, sondern um Madenhacker, die sich überwiegend von Insekten ernähren. Es sind schwarze Vögel, die Staren ähnlich sehen und auch entfernt mit ihnen verwandt sind. Die Töne, die sie erzeugen, erinnern ebenfalls ein wenig an die Laute von Staren. Sie picken Parasiten von der Haut großer Säugetiere. Das ergäbe ein großartiges Bild von der freundlichen Seite von Mutter Natur, wenn diese Vögel sich nicht auch am Fleisch der offenen Wunden ihrer Wirte gütlich täten. Dem wandernden Menschen muss beim Ruf des Madenhackers auf jeden Fall klar sein, dass sich in seiner Nähe sehr wahrscheinlich ein größeres Säugetier befindet, vielleicht ein Büffel, ein Nashorn oder ein Nilpferd. Kurz: Tiere, die Menschen ohne Weiteres töten können.

Fortgeschrittene in puncto Vogelbestimmung, und man kann wohl getrost annehmen, dass dies auf unsere Vorfahren zutraf, sind in der Lage, die Stimmen von zwei verschiedenen Madenhackern zu unterscheiden: Gelbschnabel-Madenhacker haben einen dünneren Schnabel, den sie in die Haut ihrer Wirtstiere bohren. Die Rotschnabel-Madenhacker tun dies zwar auch, nutzen aber außerdem eine Art Scherentechnik, die sie bei Tieren mit längerem Fell einsetzen, das sie bei ihrer Suche nach köstlichen Parasiten durchkämmen. Somit sind Rotschnabel-Madenhacker eher dazu geeignet, den Hals von Giraffen zu putzen und auch kleinere, zarte Säugetiere wie Impalas von Parasiten zu befreien. Wie bereits erwähnt, gibt es so viele Vogel- wie Lebensarten, und hier sind zwei verschiedene Ernährungsmethoden zu erkennen. Wir Menschen würden dazu womöglich nur einen einzelnen Gedanken entwickeln: dass es Lebewesen gibt, die von Ektoparasiten und dem Fleisch lebender, großer Säugetiere leben. Die Tatsache, dass es zwei Arten gibt, zeigt den Variantenreichtum und die Kraft der Evolution. Zwei Madenhacker-Arten, zwei ökologische Nischen, sehr ähnlich mit grundlegenden Überschneidungen, aber dennoch verschieden.

Das heißt aber nicht, dass man beim Hören eines Rotschnabel-Madenhackers in Sicherheit wäre. Im Gegenteil, denn diese Madenhacker nutzen auch gern mal weniger behaarte Säugetiere als Wirte. Hören Sie aber die Stimmen von Gelbschnabel-Madenhackern, wissen Sie, dass die Wahrscheinlichkeit, einem großen, gefährlichen Säugetier wie Büffel, Nashorn oder Nilpferd zu begegnen, deutlich größer ist. Unsere Vorfahren wussten dies richtig einzuschätzen. Vogelstimmen sind die Klänge des Lebens, die Musik des Lebens und der Sinn des Lebens, sie entscheiden aber auch über Leben und, ja, auch Tod.

DIE SCHWANZMEISE

Das Leben geht weiter, auch im Winter. Das muss so sein. Es gibt weniger Nahrung, das Wetter ist kalt, und um das zu überstehen, braucht man Energie. Vögel auf jeden Fall. Und so verbringen sie die wenigen Tageslichtstunden mit der fieberhaften Suche nach Nahrung: genug, um den Tag zu überleben, genug, um dem Frühling wieder ein Stück näher zu kommen. Anders als etwa Igel, Fledermäuse oder einige Falter machen Vögel keinen Winterschlaf. Ihr hoher Stoffwechsel will ständig bedient werden. Für Vögel heißt es im Winter durchhalten, durchstehen, überleben. In den langen dunklen Nächten sitzen die Sänger auf Ästen und schlafen, und an den kurzen Tagen versuchen sie, ausreichend Futter zu ergattern, um die kommende kalte Nacht zu überstehen. Viele schaffen das nicht: Die Anzahl der Vögel, die den Herbst erleben, ist immer höher als die Zahl derer, die den Frühling erleben.

Wenn Sie einen Winterspaziergang durch ein Waldstück, einen Park, entlang einer Straße mit Hecken oder durch eine Allee – also überall dort, wo Bäume oder Gehölze ziemlich eng beieinanderstehen – machen, werden Sie vielleicht erst einmal denken, dass sich dort gar keine Vögel aufhalten. Bis Sie plötzlich das Gegenteil feststellen. Denn auf einmal begegnet Ihnen ein ganzer Trupp Schwanzmeisen.

Diese kleinen Vögel sind fröhliche, gesellige Wesen, die ungern allein sind und am liebsten in Trupps von etwa ein Dutzend Vögeln und mehr leben. In der kalten, stillen Jahreszeit sind sie kaum zu überhören. Wenn sie zusammen umherziehen, bleiben sie eng beieinander, während sie ihre Laute von sich geben. Andauernd. Ich bin hier – wo bist du? Ich bin hier – und du? Und

dafür verwenden sie einen wilden, hektischen Ruf: „Si-si-si! Si-si-si!“ Das ist kein Lied, sondern ein Kontaktruf. Für Schwanzmeisen ist das der Ausdruck von Gemeinschaft. Schwatzen lieben sie über alles.

Man hört sie überall, und dann bekommt man sie auch zu Gesicht, wenn sie als Trupp von Baum zu Baum fliegen, manchmal hintereinander weg in einer Linie. Schwanzmeisen sind kleine Vögel mit gedrungenen, runden Körpern und charakteristischen langen Schwanzfedern. Aber bevor man sie sieht, erkennt man sie schon an ihrem Ruf und ihrem geschäftigen Verhalten.

Der Kontaktruf setzt sich aus drei bis vier Lauten zusammen, eine Sequenz, deren Tonhöhe nach unten abfällt. Sind sie aufgeregt – und das sind diese Vögel ziemlich schnell –, hat ihr Ruf etwas Trällerndes und Surrendes. Dieses Surren kann sich aber rasch in einen Warnruf verwandeln. Schwanzmeisen passen sehr gut aufeinander auf, wie Erdmännchen.

Wenn man Schwanzmeisen beobachtet, wird man in der Regel feststellen, dass sich ihnen auch andere Arten anschließen: ein gemischter Trupp kleiner, geschäftiger Vögelchen, die von Baum zu Baum fliegen und eine vorübergehende Allianz gebildet haben, um zusammen den nächsten Abschnitt des Winters zu durchstehen. Erstens ist das Leben in einer Gruppe sicherer als das Leben allein, und außerdem ist die Wahrscheinlichkeit, als Mitglied einer umherziehenden Gruppe Nahrung zu finden, größer. Da die Schwanzmeisen ständig miteinander in Kontakt stehen, können andere Arten diesen sicherheitsbietenden Vorteil der großen Gruppe für sich nutzen. Schwanzmeisen werden auch die „Gewerkschaftsfunktionäre“ eines Trupps genannt: Vögel, die sich der Leitung einer Gruppe annehmen und die kleinsten Sänger durch die langen Wintermonate in den Frühling lotsen.

WIE SICH DER FRÜHLING VERLÄNGERN LÄSST

Haben Sie sich auch schon mal gewünscht, der Frühling möge länger dauern? Oder früher anfangen – Ende Januar etwa? Schön, denn beides tut er. Denn wer Vogelstimmen erkennen lernt, lernt auch, dass die Jahreszeiten einen anderen Rhythmus haben, als wir denken. Der erste Frühlingstag ist nämlich nicht der Tag, an dem man seinen Wintermantel nicht mehr anzieht, sondern schon viel früher.

Frühlingsanfang ist auch nicht dann, wenn die Welt sich plötzlich mit Vogelstimmen füllt. Denn nicht alle Vögel beginnen gleichzeitig zu singen wie ein riesiger freudiger Chor, der ein Lied in b-Moll anstimmt. Es ist eher ein langsames, aber stetiges Tropfen. Erst eine Stimme einer Art, dann die nächste der nächsten Art. Ein Prozess mit diversen Zwischenstopps: Ein schöner Abend bringt vielleicht zwei, drei neue Sänger dazu mitzumachen, aber wehe der nächste Morgen ist kalt und nass, dann steigen sie sofort wieder aus und stellen ihren Gesang ein.

Es ist also kein kontinuierlich dahinfließender Vorgang, aber wenn er einmal im Gang ist, gibt es kein Halten mehr. Auch wenn einige Vögel vorübergehend wieder etwas leiser werden, der Rubikon ist überschritten und die Vertreibung des Winters hat definitiv begonnen. Das ist das Ermutigende an Vogelstimmen: In einer Zeit, in der der Winter auf seinem Höhepunkt zu sein scheint, verkünden sie, dass der Frühling vor der Tür steht.

Wir alle leiden im Winter unter dem Mangel an Sonnenlicht, manche mehr, manche weniger. Winterblues oder Winterdepression gehört zum Menschsein dazu, zumindest zu jenen Menschen, die mit dem Wechsel der Jahreszeiten leben. Das ist auch wichtig, denn sonst würden wir uns nicht mehr über den bevorstehenden Frühling freuen. Schon vor Jahren habe ich angefangen, meine eigene Neigung zur Schwermut in den dunklen Monaten mithilfe der couragiertesten Sänger zu bekämpfen. Schon kurz nach Weihnachten fängt es an, wenn die Tage kaum spürbar, aber dennoch länger werden und die ersten Singvögel anfangen, den baldigen Frühling zu begrüßen.

Im Laufe des Frühlings richten sich immer mehr Standvögel in ihren Revieren ein und fangen an zu singen. Im späteren Frühling kehren auch die Zugvögel, die Sommergäste, zurück. Manche kommen früh, andere, die einen weiteren Weg zurückzulegen haben, lassen sich Zeit. Und dann gibt es noch die Nachzügler, die erst kommen, wenn es schon fast zu spät scheint. So wächst mit der Zeit die Population weiter an, die Artenvielfalt nimmt stetig zu und im Mai erreicht das Crescendo, die Lautstärke der Vogelstimmen, ihren Höhepunkt.

Dabei ist der Frühling nicht ein punktuelles Ereignis. Ich verwende das Wort „Crescendo“ im engeren Sinne: nicht als einen Moment höchster Lautstärke oder Intensität, sondern als ein starkes, ständiges Anwachsen, das bereits nach Weihnachten seinen Anfang nimmt und bis zur ersten Maiwoche, wenn es abzuschwellen beginnt, anhält.

Nach und nach schwillt die Lautstärke des Chors an, bis man von einem gewaltigen Lärm sprechen kann. So wie es im Lied der britischen Folkgruppe Incredible String Band heißt: „But that's not the story of a single day. It's the story of the march of spring."

DIE KOHLMEISE

Was ist das erste Frühlingslied? Wer ist der erste Sänger im neuen Jahr? Eine schwere Frage, denn die Natur kennt keine festgelegten Gesetze, die den menschlichen Wissensdrang diesbezüglich zufriedenstellen würden. Am Frühlingsanfang singen bereits mehrere Vögel wie etwa das Rotkehlchen, die Heckenbraunelle und der Zaunkönig. Außerdem haben zahlreiche Rufe die Funktion, Reviere abzustecken. Ich habe schon mal am 20. Dezember eine Heidelerche ihr Lied singen hören, so vollständig, als wäre es bereits April. Zu den spektakulärsten Frühsängern zählt die Misteldrossel, die dazu neigt, bereits im Januar ihr herrliches, wildes Lied zu Gehör zu bringen – aber die sparen wir uns für später auf. Zunächst einmal ein Blick auf die Grundregeln des Frühlings.

Fangen wir mit der Kohlmeise an. Irgendwann im zeitigen Frühling kommt der Moment, an dem man zum ersten Mal einen schrillen, lungenzerreißenden, zweisilbigen Ruf hört, beim dem die Betonung auf der ersten Silbe liegt. Wie eine quietschende Pumpe, mit starkem Druck bei der Abwärtsbewegung und wenig Druck bei der Aufwärtsbewegung.

Einmal im Gang scheint das Lied ohne Unterbrechungen anzudauern, so als zählte die Kohlmeise es zu ihren Aufgaben, die anderen Vögel zu wecken und aufzufordern, auch zu singen. Das ist der erste Pfeil, der auf das Herz des Winters abgefeuert wird. Sobald der Winter diese Zweitaktnote hört, weiß er, dass es bald vorbei sein wird. Auch wenn er sich noch so sehr anstrengt, sich zu behaupten, das Lied der Kohlmeise besagt, dass das Spiel in seine Endphase tritt – und die Sänger als Sieger vom Platz gehen werden.

Die Kohlmeise ist eine echte Plappertante. Ihre Stimmenvielfalt ist wie ihr Repertoire an Rufen erstaunlich groß. Ein lautes „Tsida“

ist vermutlich ihr auffälligster Laut, aber genau das macht den Reiz aus. Wer gerade anfängt, auf Vogelstimmen zu lauschen, wird Vögel bereits anhand ihrer kurzen Rufe bemerken, sie allein am Ton und Kontext erkennen. Wie ein Golfer, der erst nach etlichen Fehlschlägen ein Gefühl für den richtigen Abschlag entwickelt, so entwickelt ein Vogellauscher mit der Zeit ein Ohr für die Stimmen um ihn herum. Das könnte doch eine Kohlmeise sein?, denken Sie vielleicht. Und ja, das ist sehr wahrscheinlich. Spätestens, wenn sie auch noch ein „Tsida“ oder das zweisilbige Lied anstimmt oder, noch besser, sich zeigt, wissen Sie, dass Sie recht haben und Ihr Repertoire um eine weitere Vogelart ergänzt haben.

An dieser Stelle möchte ich mit einer weiteren Aussage von Bill Oddie über die Kohlmeise, die für ihre Tonvielfalt berühmt ist, abschließen: „Noch ein kleiner Hinweis aus meinem reichen Erfahrungsschatz: Hören Sie einen Ruf, den Sie nicht kennen, dann ist es eine Kohlmeise.“

HALTEN SIE ES EINFACH

Hat die Kohlmeise angefangen zu singen, wird es langsam kompliziert. Denn immer mehr Vögel stimmen ein. Einige von ihnen – Blaumeisen und Tannenmeisen etwa – haben auch schon im Winter vereinzelt Fragmente ihrer Lieder gesungen. Aber beim Hören der Kohlmeise nimmt auch die Lautstärke ihrer Lieder deutlich zu. Sie reagieren stärker auf jahreszeitliche Veränderungen als aufeinander, wobei ich mir einbilde, dass der Gesang eine Kettenreaktion auslöst, die auch artenübergreifend wirkt.

Da ich möchte, dass Sie weiter vorankommen, folgt hier mein Plan. Um zu vermeiden, dass Sie sich bereits in diesem sehr frühen Stadium in Einzelheiten verlieren, heben wir uns ein paar interessante Vögel für später auf. Konzentrieren Sie sich in Ihrem ersten Frühling als Vogellauscher auf die großen, wichtigen und unverkennbaren Vogellieder. In Ihrem zweiten Frühling können Sie dann Ihr Repertoire um einige anspruchsvollere Vögel erweitern. Nun konzentrieren wir uns zunächst einmal auf die Vorstellung, dass Sie in den Bäumen im Schutze der Kronen ein Gemurmel und Zirpen hören, das teils auf Kohlmeisen zurückgeht und teils von Kohlmeisen zu stammen scheint, aber auch wieder nicht, sodass wahrscheinlich andere Mitglieder der Meisenfamilie die Urheber dieser Klänge sind. Schätzen Sie sich glücklich, schon so weit gekommen zu sein, denn mit fortschreitendem Frühling hält jetzt einer der besten Sänger Einzug.

Doch bevor wir weitermachen, sollte ich noch etwas zu den Meisen sagen. Es stellte sich heraus, dass meine Naturkolumnen, die ich für die Tageszeitung „The Times“ verfasste und per E-Mail verschickte, regelmäßig nicht ankamen. Wir mussten dann über andere Wege versuchen, ihn in das „Times“-System einzuschleusen.

Irgendwann kamen wir dahinter, was schieflief: Das System wurde von einer Firewall geschützt, die alles, was mit Wetten und Pornografie zu tun hatte, automatisch aussonderte. So kam es, dass meine Beiträge über Meisen (Englisch *tits*) als obszön erkannt und somit vom System kurzerhand ausgesondert wurden.

Es gelang den Technikern, das Problem zu lösen, aber im Grunde hat das System richtig funktioniert. Denn Vögel singen über Sex – worüber denn sonst? Also machen wir weiter mit einem der sexiesten Singvögel, den Sie jemals hören werden.

DIE SINGDROSSEL

„Sorglose Verzückung", das ist es, womit sich die Singdrossel charakterisieren lässt. Jedenfalls kennen viele Briten diesen Ausdruck zu Ehren der Singdrossel und zwar von Robert Browning. „Home Thoughts From Abroad" heißt sein berühmtes Gedicht, das anfängt mit: „Oh, in England zu sein / Wo der April endlich da ist." Browning, mit profundem Vogelwissen ausgestattet, führt uns erst zum Zilpzalp und zur Dorngrasmücke, bevor er uns eröffnet:

> That's the wise thrush; he sings each song twice over
> Lest you should think he never could recapture
> The first fine careless rapture!

Auf Deutsch sinngemäß etwa:
„Das ist die weise Drossel; sie singt jedes Lied zweimal, / Aus Furcht, du könntest denken, / sie könnte nicht zurückgewinnen / Die erste feine sorglose Verzückung!"

Heute wird der Ausdruck *careless rapture* im Sinne von *One-night stand* verwendet, was nicht auf die Drossel zutrifft, die eine dauerhafte Beziehung bevorzugt oder zumindest eine, die einen ganzen Sommer lang währt, einschließlich junge Singdrosseln zu zeugen, auszubrüten und aufzuziehen.

Das Singdrossellied beruht auf Wiederholungen, die der Vogel zweimal, dreimal oder noch öfter singt. Das Männchen wählt eine Strophe und singt diese einige Male nacheinander. Dann folgt eine kurze Pause und anschließend eine andere Strophe. Danach noch eine: Eine ganze Reihe von Wiederholungen, die oft mit einem seltsamen Gezwitscher abschließen, in dem sich häufigraueres,

komplexeres und anspruchsvolles Material versteckt. Hören Sie einen Vogel, der unglaublich laut ist und seine Strophen wiederholt, dann wissen Sie, es handelt sich um eine Singdrossel. Wo? In Gärten, Parkanlagen, auf Ackerland, kurz überall, wo es eine gute Mischung aus Bäumen zum Sitzen und offenen Flächen für die Nahrungssuche gibt.

Singdrosseln sind lichtempfindlich und merken, wenn die Tage länger werden. Oft habe ich sie bei Kunstlicht singen hören. Ich erinnere mich, wie ich am Soho Square mitten in London mal eine um eine Uhrzeit habe singen hören, zu der brave Bürger sich schon längst zum Schlafen gelegt haben. Ich bin überzeugt, dass die Nachtigall, die am „Berkeley Square" sang[3], eine Singdrossel war. (Eine Nachtigall war es eher nicht, die meiden Siedlungen und Städte, jedenfalls taten sie das früher – heute hört man sie dort immer häufiger, zum Beispiel in Berlin.)

Wer einer Singdrossel lauscht, wird feststellen, dass sie eine Menge verschiedene Strophen kennt, die wiederholt werden. Es scheint, als ginge ihr es genau darum, zu zeigen, mit wie vielen verschiedenen Strophen sie auftrumpfen kann. Wenn Sie genau hinhören, erkennen Sie auch einige bekannte Töne in den meist sehr musikalischen Strophen. In meiner Nähe gibt es beispielsweise einen Vogel, dessen Gesang sich wie ein rückwärtsfahrender Transporter anhört, was nicht verwunderlich ist, da sich jenseits der Straße ein Truckerparkplatz befindet, wo ständig auch Transporter rückwärts einparken. Beim Rückwärtsfahren erzeugen manche Transporter ein akustisches Warnsignal, welches die Singdrossel in ihr Repertoire aufgenommen hat.

---

3 In dem Song „A Nightingale Sang in Berkeley Square" (Text: Eric Maschwitz, Musik: Manning Sherwin, 1939).

Singdrosseln imitieren auch gern die Lieder und Rufe anderer Vogelarten: Sehr beliebt ist der schrille, alles durchdringende Trillerpfeifenton des Kleibers. Ich höre auch immer wieder Singdrosseln, die den Ruf von Grünspecht, Waldkauz und sogar Rotschenkel verlauten lassen. Das sind keine exakten Nachahmungen: Der Vogel hat einfach ein gutes musikalisches Gedächtnis und baut Klänge, die er hört, in eine eigene musikalische Strophe ein. Er improvisiert, wenn man so will, wie ein Jazzmusiker.

Erstaunlich, denn es handelt sich hier nicht nur um eine vorprogrammierte Reaktion. Descartes sagte, Tiere wären einfach nur Maschinen, wie Uhren, weil sie nicht denken können. Nun, die Singdrossel scheint ein bewusst handelnder Musiker zu sein. Der Vogel verfügt über mehr als nur das angeborene Lied, mit dem er signalisiert: „Das hier ist mein Revier, für Männer verboten, Frauen jederzeit willkommen.“ Im Laufe ihres Lebens übernimmt die Singdrossel Lieder, die sie anschließend bearbeitet und verfeinert, um sie schließlich als eigene Produktion darzubieten: originell und unverkennbar ein Teil des Singdrossel-Genres. Dabei geht es nicht nur um Reiz und Reaktion im Sinne von: Es ist länger hell, also singe ich ein Lied, oder: Du hast gegen mein Knie gehämmert, und es schlägt aus. Nein, es ist eine Art von Komposition, etwas, was nicht nur die Spezies Singdrossel kennzeichnet, sondern das Individualität verkörpert.

WELCH EIN REPERTOIRE!

Je besser das Lied, umso attraktiver der Sänger: Weibchen fliegen auf Männchen mit einem großen Liedrepertoire. Das trifft auf die Kohlmeise zu, die mindestens ein halbes Dutzend verschiedene Lieder beherrscht, und auch auf die Singdrossel, die über mehr als 200 Lieder verfügt. Das gilt für die Nachtigall, deren Repertoire sogar mehr als 300 Lieder umfasst, und erst recht für die nordamerikanische Rotrücken-Spottdrossel, die über 2000 verschiedene Lieder kennt – Weltrekord! Vorausgesetzt, man lässt den Schilfrohrsänger außer Acht, denn der singt eine Sequenz kein zweites Mal in seinem Leben, egal wie alt er wird. Als Wissenschaftler weiblichen Schilfrohrsängern aufgenommenes Liedgut männlicher Schilfrohrsänger vorspielten, war das Ergebnis eindeutig: je größer das dargebotene Repertoire der Männchen, desto stärker die Reaktion der Weibchen.

Genau an diesem Punkt wird die Wissenschaft komplex. Gesicherte Fakten lassen sich nicht so einfach gewinnen. Ein großes Repertoire lässt auf einen älteren Vogel schließen, denn die Lieder wollen ja erst erlernt werden. (Umgekehrt hat sich bei einigen Arten auch gezeigt, dass Vögel mit kleinerem Repertoire weniger erfolgreich sind und jünger sterben.) Ältere Vögel haben per Definition mehr Erfahrung: Sie kontrollieren daher ein besseres Revier als jüngere Artgenossen und sind in der Lage, besser für ihren Nachwuchs zu sorgen. Die Wahrscheinlichkeit ist groß, dass der ältere Vogel mehr Junge großzieht als ein jüngeres, unerfahreneres, schwächeres Männchen.

Stare verteidigen ihr Revier nicht, nur ihr Nisthöhle. Aber, wie wir noch sehen werden, ist das Männchen ein ausgezeichneter Alleinunterhalter und großer Imitator und kann sich mit großem Repertoire brüsten. In Ermangelung territorialer Vorteile bevorzugen Weibchen diejenigen Sänger, die das größte Repertoire zu bieten haben.

Wenn man eine Kohlmeise aus ihrem Revier holt und dieses anschließend mit ihrer Stimme beschallt, bleibt das Revier zumindest eine Weile unbesetzt, wie wir bereits gesehen haben. Festgestellt wurde dabei aber auch noch etwas anderes: Die Wahrscheinlichkeit, dass das Revier neu besetzt wird, sinkt mit dem Umfang des Repertoires, das aus den Lautsprechern ertönt – und somit steigt die Wahrscheinlichkeit, dass das Revier länger sicher bleibt. Ein großes Repertoire zieht Weibchen an und wehrt andere Männchen ab.

Mit anderen Worten, je kreativer und erfinderischer der Sänger, desto erfolgreicher ist er, und zwar in zweifachem Sinne: einmal bezogen darauf, was für ihn selbst herausspringt, und einmal im evolutionären Sinne, bezogen auf die Anzahl der Sprösslinge, die er großziehen wird. An dieser Stelle begeben wir uns jedoch auf das furchterregende Terrain des Anthropomorphismus, der Vermenschlichung von nichtmenschlichen Wesen. Wissenschaftler, die diesbezüglichen Gedankenspielen nachgehen, müssen damit rechnen, einen ganzen Berufsstand gegen sich aufzubringen. Ich für meinen Teil mache mir einfach Gedanken darüber, warum ein Vogel gerne singt.

Es handelt sich dabei nicht um eine wissenschaftliche Frage, bei der es um Beweis oder Gegenbeweis geht, weder jetzt noch in der Zukunft. Menschen singen gern – warum sollte das nicht auch für einen Vogel gelten? Selbstverständlich hat das Singen bei Vögeln eine natürliche Funktion – gelegentlich habe ich aber auch recht viel Spaß bei der Erfüllung natürlicher Funktionen. Warum sollten Tiere nicht ebenfalls Freude bei Tätigkeiten wie Nahrungsaufnahme oder Sex empfinden? Ich beobachtete einmal zwei Löwen beim Geschlechtsakt: Nach erfolgter Kopulation wälzte sich die Löwin am Boden, und zwar so, dass man ihr Verhalten durchaus als Ausdruck reiner Wollust betrachten konnte. Jemand im Auto sagte: „Anscheinend hatte sie viel Spaß dabei." Es war scherzhaft gemeint, und alle lachten darüber, aber ich meinte es ernst. Warum sollten Löwen keinen Genuss empfinden bei der Erfüllung ihrer evolutionären Bestimmung? Bei Löwen ist der Geschlechtsakt sehr ausgeprägt. Es gibt Aufnahmen von einem Pärchen, das innerhalb von 24 Stunden 86 Mal kopuliert. Hundehalter wissen, dass ihr vierbeiniger Freund Genuss verspüren und ausdrücken kann, genauso wie Katzen das können, wenn auch auf ihre ganz eigene Weise. Es würde mich überraschen, wenn die zwei Löwen, die wir beobachtet haben, das Leben in dem Moment *nicht* genossen hätten.

Überrascht wäre ich auch, wenn eine Singdrossel, die an einem schönen Frühlingsmorgen ihr Repertoire aus voller Brust heraussingt, für die Erfüllung ihrer evolutionären Bestimmung nicht mit einem Gefühl von Schaffenskraft, Freude und Befriedigung belohnt werden würde – und zuhörende Weibchen nicht schwer gerührt wären. Das Lied der Singdrossel bewegt sogar Menschen, obwohl wir nicht der gleichen Art, nicht einmal der gleichen Klasse der Wirbeltiere angehören. Wie wird es dann erst den Sänger selbst und seine Zuhörer bewegen? Ein Singdrosselmännchen legt alles in sein Lied, das er in seinem bisherigen Leben gelernt hat. Es ist sein ureigenes Lied – er ist das Lied. Es ist alles für ihn und deshalb gibt er auch alles. So wie es große Künstler tun.

Bergfink ♀
Buchfink ♀
Buchfink
BUCHFINK ♂
SOMMER
BUCHFINK ♀
SOMMER
BUCHFINKEN
WINTER

DER BUCHFINK

Buchfinken haben kein großes Repertoire. Sie mögen zwar über mehr als ein halbes Dutzend verschiedene Lieder verfügen, aber um diese zu unterscheiden, bedarf es eines sehr guten Gehörs. Ihr Trick ist Ausdauer. Sie fangen im zeitigen Frühjahr an zu singen und tun es dann ohne Unterlass. Ihr Lied dauert nur wenige Sekunden. Dann legen sie eine kurze Pause ein und wiederholen es. Und so weiter und so weiter – mehrmals pro Minute, stundenlang. Das Singverhalten des Buchfinken führt unweigerlich zu der Frage: Wann frisst der Vogel? Die Gründung und Verteidigung seines Reviers und die Eroberung eines Weibchens gehen mit enormem Energieaufwand einher, wie Sie selbst feststellen können, wenn Sie versuchen, den ganzen Tag lang aus voller Brust zu singen. Singen ist sehr kräftezehrend, und deshalb kann man es auch im Sinne der Evolution sehen: als Demonstration der Kraft des männlichen Vogels oder anders gesagt als Leistungsversprechen an den Partner. Um den ganzen Tag singen zu können, muss man richtig gut sein. Hier trennt sich die Spreu vom Weizen, und zwar mit skrupelloser Effizienz. Die Natur kennt kein Mitleid.

Das Lied selbst ist ziemlich lustig. Es fängt langsam an, nimmt dann zusehends an Fahrt auf und endet in einem Schnörkel. Verglichen wird es häufig mit dem schnellen Anlauf und Abwurf eines Ballwerfers: eine kurze Vorarbeit für einen entscheidenden Abschluss.[4]

---

4 Im Deutschen gibt es für das Lied des Buchfinken den etwas bedrohlich wirkenden Merkspruch: „Morgen, morgen, morgen kommt der Gerichtsvollzieherrr …“

Buchfinken haben eine beträchtliche Bandbreite an Rufen, von denen einer sich wie „Fink“ anhört. Das stoßen sie aus, während sie über den Dreschboden hüpfen, um in der Spreu nach Samen zu suchen. Ein weiterer Ruf wirkt eher wie die Kurzfassung eines Liedes: ein einsilbiger Ruf mit territorialer Bedeutung. Interessant dabei ist, dass der Ruf ortsgebunden ist. Ist das eine grundsätzliche Sache, die wir verstehen müssen? Oder ist es ein Bestandteil der Buchfinkenkultur? Das dürfen Sie selbst entscheiden.

DEN EIGENEN NAMEN RUFEN

Es gibt wenige Vögel, die ihren eigenen Namen rufen. Singschwäne singen, und zwar weit tragend, schiffshornähnlich. Manchmal nennt ein Vogel seinen Namen nur in einer bestimmten Sprache, wie etwa Krickenten, deren Ruf während der Futtersuche nach „Teal" klingt, wie sie im Englischen auch heißen, nämlich: Teal. Oder der Zwergsäger, eine Sägerart aus der Familie der Entenvögel, die im Englischen„Smew" ruft und dort ebenso genannt wird.[5] Die Turteltaube, lateinisch *Streptopelia turtur*, ruft „Turr turr".

Greifvögel haben in der Regel keinen lautmalerischen Namen oder namensgebende Rufe, aber ihr Ruf findet sich im Namen von Gebäuden wieder: *Mews* sind Stallungen, und früher hießen Gebäude so, in denen man Falken hielt. Bekanntermaßen stoßen manche Greifvogelarten ein Miauen wie Katzen aus, und „mew" bedeutet im Englischen eben auch „miauen".

Das Auerhuhn heißt im Englischen *capercaillie*, sinngemäß „Pferd des Waldes", eine Bezeichnung, die sich vom letzten Teil des Balzrufs des Männchens ableitet, der etwas von einem wiehernden Pferd hat. Ein Wiesenknarrer (Wachtelkönig) erzeugt einen unverkennbar knarrenden Ruf, außerdem ist er des Lateinischen mächtig, da er seinen eigenen lateinischen Namen, *Crex crex*, ausstößt.

Der Kiebitz ruft „Kii-wiiit kii-wiiit" und der Kuckuck natürlich „Ku-kuck", während der Wiedehopf zwar nicht seinen eigenen Namen ruft, aber dafür den seiner Gattung: Upupa. Die Heidelerche singt zum Teil ihren wissenschaftlichen Name, *Lullula arborea* (die

---

5 Im Deutschen wird der Ruf dagegen mit *tek tek tek arorr…* bzw. *räg* oder *gräg*, oder auch *gä gä* wiedergegeben.

französische Bezeichnung lautet *alouette loulou*). Viele Laubsängerarten singen, und ein Zilpzalp ruft unverkennbar „Zilp-zalp".

Je auffälliger und lauter ein Vogel, desto größer die Wahrscheinlichkeit, dass er einen lautmalerischen Namen trägt. Zum Beispiel Krähen – sie krächzen. Im Lateinischen heißen sie *Corvus* und sind als Vogelfamilie auch unter dem Namen *Corvidae* (Rabenvögel) bekannt.

All dies zeigt, wie bedeutsam die Laute der Vögel sind: Sie sind das Erste, woran Menschen bei einem Vogel dachten. Einst war der Ruf der Vögel die gemeinsame Sprache von Mensch und Vogel. Die Fähigkeit, Vogelstimmen zu erkennen, war nicht die Domäne einiger weniger Spezialisten, sondern alle Menschen beherrschten dies – und das war wichtig, um in einer belebten Umgebung am Leben zu bleiben. Die Überzeugung, dass Vogelstimmen, Vögel, die Tierwelt allgemein nur etwas für spezielle Naturfreunde sei, wäre jenen Menschen verrückt erschienen, die vor Urzeiten gelebt haben und die mit der Vogelwelt so vertraut waren wie wir mit der Herstellung von Autos.

Mit Vogelstimmen meine ich nicht die Vogelstimmen generell, das vage Gezwitscher im Hintergrund. Ich meine die Töne und das Lied von einzelnen Vogelarten, die naturgegeben und vor allem ein wichtiger Teil des Lebens sind. Das können sie auch für Sie werden. Probieren Sie es aus!

DIE BLAUMEISE

Blaumeisen sind wunderbare Gartenvögel, die unsere Nähe geradezu zu suchen scheinen. Ihr Lied ist indes nicht besonders auffällig und von begrenzter Bandbreite. Von dieser Sorte Vögel, also solchen, die ein recht schlichtes Lied singen, gibt es so einige. Um sie zu identifizieren, genügt es sich ein Liedbeispiel einzuprägen. Wenn Sie es draufhaben und wissen, um welchen Vogel es sich handelt, sollten Sie intensiver lauschen. Dabei werden Sie feststellen, dass das Lied der Blaumeise ziemlich variabel ist.

Es ist außerdem lieblicher und freundlicher als das der Kohlmeise, weniger pathetisch. Hören Sie ein Lied, das Sie vom Ton her an eine Kohlmeise erinnert, aber weniger blechern klingt, dann haben Sie es sehr wahrscheinlich mit einer Blaumeise zu tun. Das Blaumeisenlied weist einen typischen Klang auf, den man sich leicht merken und heraushören kann: zwei deutlich voneinander getrennte Silben, denen zwei hastig verbundene Töne folgen. Der Vogel sagt: „Ich bin – eine – Blaumeise." So, als wollte er Sie beeindrucken, aber dann ziemlich schnell schlappmachen. Lauschen Sie und lassen Sie sich von der Blaumeise erfreuen! Unter ihren Liedern befinden sich auch zirpende Warntöne, die denen der Kohlmeise ähneln, jedoch freundlicher sind.

Ich hoffe, die Erklärung des Blaumeisenliedes war nicht allzu schwer zu verstehen. Wir sind an einem Punkt angelangt, von dem aus Sie immer mehr selbst herausfinden müssen. Den besten Vogelstimmenunterricht erhalten Sie von den Vögeln selbst – und so wird die Blaumeise ab jetzt mehr über sich erzählen können, als ich es könnte. Ich wiederhole mich gerne: Sobald Sie also eine Blaumeise oder auch einen anderen Vogel an der Stimme erkannt haben, halten Sie inne, um zu lauschen und das Lied tief in sich

aufzunehmen. Je besser Sie es in Ihrem Gedächtnis speichern, desto leichter werden Sic auch die Variationen und die individuellen Noten heraushören. Ich finde es großartig, dass Sie mit mir dieses große Vogelstimmenabenteuer begonnen haben, aber irgendwann werden die Vögel ganz natürlich meine Aufgabe als Reiseleiter übernehmen, und Sie werden durch sie in Bereiche vordringen, die für mich verschlossen bleiben.

BUNTSPECHT

DER BUNTSPECHT

Wenn Sie sich mit Vogelstimmen befassen, erwartet Sie ein unverhoffter Bonustrack: das Lied des Buntspechts. Wenn Sie Ihre Ohren für Vogelstimmen öffnen und auf Empfang stellen, werden Sie feststellen, dass es weitaus mehr Arten gibt, als Sie gedacht haben, und viele davon sogar in Ihrer unmittelbaren Nähe leben, in der gleichen Welt unterwegs sind wie Sie. Und dann werden Sie sehr schnell erkennen, dass die Welt – oder zumindest jener Teil, in dem Bäume wachsen – von Buntspechten bevölkert ist.

Kontakt- und Warnruf sind bei Buntspechten identisch, sie bestehen aus einem lauten, etwas piepsigen „Kix". Zu Gesicht bekommt man sie nicht so leicht, da sie einen Großteil ihres Lebens in den Baumkronen verbringen. Auch wenn man meint, man müsste sie aufgrund ihres auffällig bunten Gefieders – viel Schwarz und Weiß und dazu stark kontrastierend einige rote Stellen – leicht ausfindig machen können, ist das Gegenteil der Fall: Die Farbgebung des Gefieders lässt ihre Umrisse verschwimmen. Man spricht dabei von einer disruptiven Färbung.

Zum Glück fliegen Buntspechte dauernd umher, von Baum zu Baum. Sie benötigen dafür nicht unbedingt bewaldetes Terrain mit geschlossenem Kronendach, sondern finden sich gut in Siedlungen – in Gärten, Friedhöfen und Parkanlagen – und Kulturlandschaften mit sogenannten Knicks zurecht, eigentlich überall dort, wo – mehr oder weniger verstreut – Bäume stehen. Ihren „Kix"-Laut lassen sie vor allem während des Flugs hören, der leicht an seiner typischen Wellenbewegung zu erkennen ist und ein wenig an eine Berg-und-Talbahn erinnert. Außerdem zeigen die Spechte dabei ihre charakteristischen kurzen Schwanzfedern und die gezackten Flügel. Wenn man dann noch weiß, dass sie einen Baum mit hoher Geschwindigkeit anfliegen, um sich dann abrupt am Stamm festzukrallen, steht einer Buntspechtsichtung nichts mehr im Wege.

Hat man den „Kix"-Laut einmal verinnerlicht, entdeckt man plötzlich ständig Buntspechte. Im Frühling nutzen sie die Bäume als „Schlagzeug". Ihr Trommeln hat nichts mit Nahrungssuche zu tun, sondern ist Teil des Revierverhaltens. Ist ein Buntspecht auf der Suche nach Nahrung, hört man nur gelegentlich, alle zehn Sekunden, ein einzelnes „Tock"; erzeugt er ein länger anhaltendes Getrommel, dann handelt es sich um sein „Lied". Buntspechte sind also Perkussionisten. Alle Spechte trommeln, aber jeweils anders: Das Trommeln der Buntspechte ist kraftvoller und kürzer, umfasst weniger Schläge, selten mehr als 20, während das Trommeln des Kleinspechts weicher ist und sich mit 25 Schlägen oder mehr deutlich in die Länge zieht. (Die Lautstärke hängt vom verwendeten „Schlagzeug", dem Baum, ab: Manche Äste – sie verwenden auch gerne Metallpfosten o. Ä. – erzeugen einen stärkeren Widerhall als andere.) Für den Zuhörer ist das sehr unterhaltsam, für den Specht sehr wichtig. Denn Vogellieder mit territorialer Bedeutung sind völlig sinnlos, wenn sie nicht eindeutig und klar sind. Andere Vögel wollen schließlich am Lied oder am Trommeln erkennen können, ob es sich bei dem Perkussionisten um einen Artgenossen handelt oder nicht.

Prägen Sie sich also den typischen „Kix"-Laut des Buntspechts gut ein, Sie werden ihn oft und das ganze Jahr hindurch hören und ständig von Buntspechten begleitet sein.

WIE WIR DIE MUSIK GESTOHLEN HABEN

Übrigens gibt es auch singende Säugetiere. Ich hatte das Vergnügen, den Guatemala-Brüllaffen sein eigenes Werk und die Sängerin Emma Kirkby Werke von Johann Sebastian Bach vortragen zu hören, Letztere als Vertreterin des Homo sapiens. Ich möchte gegenüber den Brüllaffen nicht unhöflich erscheinen, aber rein musikalisch ziehe ich Emma doch vor. Nicht ganz so eindeutig wäre es dagegen, wenn ich mich zwischen Emma und einer Nachtigall entscheiden müsste. Die Musik, die Emma singt, wurde von einem Menschen für Menschen geschrieben, mit der Intention, komplexe Bedeutungsinhalte direkt zu übermitteln. Künstlerisch liegen sie und Johann Sebastian vermutlich vorne. De facto kann die Nachtigall jedoch in gewisser Weise Schritt halten: Auch sie singt schön, erzeugt Begeisterung und verfolgt einen musikalischen Zweck, nämlich Geist, Herz und Seele des Menschen – und auch der anderen Nachtigallen – zu berühren.

Säugetiere, die singen können, neben dem Menschen, gibt es einige. Oder anders gesagt: Säugetiere, für die die Erzeugung weittragender Klänge ein Bestandteil des täglichen Überlebenskampfes ist. Löwen etwa sind darin ziemlich gut. Das Gebrüll eines Löwen besteht aus einer Folge von explosiven Rülpsern, deren Intensität zunächst zunimmt und schließlich langsam wieder abebbt, bis nur noch ein leises Schnauben zu hören ist. Ein alter afrikanischer Witz lautet: Wo ist der Löwe, wenn man sein Schnauben hören kann? Antwort: zu nahe. Und ja, ich habe es schon mal gehört, das Schnauben, in einer Hütte im Dunkeln, in einem Zelt, draußen in der Landschaft – es ist wunderbar aufregend. Noch aufregender ist es, wenn ein ganzes Rudel im Chor brüllt und das Lied des Triumphs, der Kampfansage, des Reviers anstimmt. Dazu nutzen

Löwen gerne Wasser als Verstärker, und es entsteht eine Art Wechselgesang, indem ein Rudel auf das Gebrüll eines anderen antwortet. Der Gesang über ein Flussbett zählt zu den aufregendsten Klängen in der Welt … auch wenn wir es aus musikalischer Sicht nicht als etwas Großartiges ansehen würden.

Ich habe auch gehört, wie Weißbrauengibbons in ihren Clans den neuen Tag mit Gesang begrüßen: ein starkes, intensives Jauchzen, für das jedes Mitglied der Gruppe alles gibt. Es ist sehr ergreifend, wenn ihr Gesang weit durch das Kronendach des Regenwaldes schallt. Aber auch in diesem Fall würde es musikalisch gesehen nicht für höhere Weihen reichen. Wie Löwen sind auch Wölfe großartige Sänger, die sogar auf ein von Menschen nachgeahmtes Heulen antworten. Herrlich, aber um ehrlich zu sein, ist in musikalischer Hinsicht auch ihr „Bach“ schlechter als ihr Biss. Ein erstaunlich guter Sänger ist der afrikanische Baumschliefer (ein Säugetier, das äußerlich dem Meerschweinchen ähnelt). Sein allabendliches Lied, mit dem er sein Revier verteidigt, ist ein großartiger, andauernder, rhythmischer Schrei. Auch einige Nagetiere singen, so die Grashüpfermaus – bemerkenswerterweise ein Fleischfresser.

Auch in Städten hört man Lieder von Säugetieren, etwa das gemeinsame Bellen von Hunden. An manchen Abenden scheint sich die örtliche Hundepopulation regelrechte Wettkämpfe zu bieten, wer am lautesten bellen kann. Katzen erzeugen Katzengeschrei, mit Vorliebe im Chor, wenn Kater um ein rolliges Weibchen rivalisieren.

Wale singen wirklich. Der Gesang von Buckelwalen ist ein Ausdruck tiefliegender Individualität und gehört zu den komplexesten nichtmenschlichen Musikstücken überhaupt, auch wenn er mit unseren Vorstellungen von Musik nicht viel zu tun hat und uns nicht berührt. Denn er ist kein Teil unserer Welt. Für den Menschen müssen Walgesänge mittels eines Unterwassermikrofons, das den Wasserschall in eine dem Schalldruck entsprechende elektrische Spannung umwandelt, hörbar gemacht werden. Sie sind ohne Frage faszinierend, aber nicht Teil unseres ursprünglichen Weltverständnisses.

Wenn wir den Gesang aus unserer musikalischen Perspektive betrachten, gibt es unter den Landsäugetieren eigentlich nur einen, der wirklich singt: der Mensch selbst. Grund dafür ist nicht zuletzt die Tatsache, dass wir die physischen Voraussetzungen besitzen, Klänge zu einem Lied, zu Sprache zusammenzusetzen. Das Singen ist womöglich sogar älter als die Sprache – und vielleicht essenziell für die Entwicklung der Letzteren. Wir Menschen haben eine sehr klare Vorstellung davon, was melodisch klingt und was nicht.

Woher haben wir diese Eigenschaft? Ich bin geneigt zu glauben, dass wir sie gestohlen haben – von den Vögeln. Unsere Vorfahren lauschten den Stimmen der Vögel und reagierten auf jene, die ihnen gut gefielen, und sie fingen an, sie nachzuahmen. Sie nutzten sie für ihre eigene Darbietung – um Individualität und Gemeinsamkeit auszudrücken, um schönen Frauen oder feschen Männern zu imponieren, wie es heutige Popstars tun, oder einfach nur aus Spaß am Singen (denken Sie wieder an Löwen und Sex). Während unsere Vorfahren einst die Savannen durchquerten, imitierten sie die Klänge, die sie umgaben und die ihnen gefielen: das Pfeifen des Orangebrustwürgers und des Schwarznackenpirols, die komplexen Lieder des Weißbrauenrötels und des Spottrötels, die Duette des Halsband-Bartvogels und den dunklen Vordämmerungsruf des Hornraben.

Das alles ist natürlich reine Spekulation und hat mit Wissenschaft nichts zu tun. Nur, die nichtmenschliche Welt ist voller Musik, deren hervorragendsten und zugänglichsten Beispiele von

Vögeln stammen. Die menschliche Welt ist voller Musik, die von Menschenhand geschaffen wurde, aber der Ursprung der Musik geht auf die Vögel zurück. Vögel schenkten unseren Vorfahren ihren Gesang und ihre Lieder, sie schenkten uns unsere Folksongs, und sie schenkten uns letztendlich auch Bach.

DIE AMSEL

Es gibt Vogellieder, die vielleicht dramatischer, extravaganter, durchdringender, kunstvoller sind, aber das Lied der Amsel ist das im besten Sinn des Wortes eingängigste und gefälligste. Es begleitet verlässlich unseren Alltag, sorgt für diese ganz bestimmte heiter-wehmütige Stimmung in unserem Hörumfeld. Amseln singen immer und überall, vor allem morgens und abends, aber auch tagsüber. Es wäre vollkommen ungerecht zu sagen, die Amsel hätte sich auf Unterhaltungsmusik spezialisiert; richtig ist, dass das Amsellied wie große Musik ist, die für bestimmte Zwecke missbraucht wird, etwa wie Barockmusik, die in Restaurants als Hintergrundmusik herhalten muss oder in Telefonanlagen ertönt, wenn man in der Warteschleife festhängt. Vivaldis „Vier Jahreszeiten" sind ein großartiges Werk, das aber wegen seiner oftmals banalen Verwendung an Ansehen und Wertschätzung zu verlieren droht. Wir nehmen die tieferen, anspruchsvollen Aspekte dieser Musik nicht mehr wahr, sie ist für uns nur mehr Geräuschkulisse, ihre Schönheit überhören wir. Das Gleiche passiert mit dem Lied der Amsel: Es ist die Hintergrundmusik bei einem Drink im Garten oder einem Spaziergang in einem Park.

Wie jemand, der mit den Händen in den Hosentaschen lässig an einer Wand lehnt und seiner Verabredung entgegensieht, so entspannt und selbstverständlich flötet das Amselmännchen vom Dachfirst, und man hört dem Lied nicht an, dass es drängenden Trieben entspringt. Manche beschreiben das Amsellied als Ausdruck des Dolcefarniente – des süßen Nichtstuns, der Freude am Müßiggang. Das ist selbstverständlich eine völlig falsche Interpretation, ein typisch menschlicher Gedanke. Für eine Amsel, die lediglich versucht, ihrer evolutionären Bestimmung nachzukommen,

ALBINO
AMSEL ♂
ALTVOGEL
AMSEL ♀
ALTVOGEL
AMSEL ♂
1. WINTERKLEID
DUNKLER
SCHNABEL !
AMSEL JUNGVOGEL
CA. 4 WOCHEN
AMSEL JUNGVOGEL
CA. 3 WOCHEN

ist ihr Lied so ernst wie eine Kriegstrompete und so eindeutig wie „Je t'aime" oder „Why Don't We Do It in the Road?". Menschen hören jedoch wie Menschen, nicht wie Amseln, und deshalb erfassen wir nur die eine Ebene des Liedes: das heiter-melancholische Flöten, das wir mit länger werdenden Tagen assoziieren, mit der Rückkehr der Wärme, mit Garten und mit Parkbank und das bei aller Schönheit gleichzeitig Wehmut auslöst, weil es daran erinnert, dass der uns umgebende Frühling vergänglich ist. Das Lied erscheint uns wie eine Ode an die freundliche Seite der Natur und lässt uns die Tatsache übersehen, dass es dabei für Amseln um Leben und Tod geht.

Die Flöte ist das gefälligste, am wenigsten aufdringliche Instrument eines Orchesters. Amseln flöten etwas, was uns sofort wie eine Melodie erscheint. Sie flöten in Versen und variieren die Melodie. Kein menschliches Ohr wird das als etwas anderes als Musik wahrnehmen, kein menschliches Ohr wird das nicht schön finden.

Wer sich die Mühe macht, sich von Amselmusik nicht nur berieseln zu lassen, sondern genau zuzuhören, der wird feststellen, dass sie deutlich komplexer und auch komplizierter ist, als es zunächst den Anschein haben mag. Das Ende jedes Verses besteht aus einer raschen, stakkatoartigen Abfolge von Tönen – schnarrend, quietschend und höchst anspruchsvoll. Wer sich dem öffnet, entdeckt in der Amsel einen Musiker mit einer erstaunlichen Bandbreite, einen, der ganz offensichtlich nicht nur unterhalten, sondern den Hörer auch ergreifen, erschüttern möchte.

Amseln fangen erst später im Frühling an zu singen, später etwa als Singdrosseln, als wollten sie nicht die Vorfreude auf den bevorstehenden Frühling zum Ausdruck bringen, sondern Freude darüber, dass dieser nun endlich begonnen hat. Der Moment, an dem Amseln ihr Lied zu voller Entfaltung bringen und in ganzer Pracht intonieren, ist ergreifend. Für diesen Auftritt proben sie wochenlang, zunächst leise, dann immer selbstbewusster.

In den Wintermonaten geben Amseln ein Abendkonzert, das aus einem typischen „Ticksen“ besteht. Damit verraten sie sich gegenseitig ihren Standort und zeigen an: Hier wohne ich. Die meisten Menschen werden auch den Warnruf der Amsel kennen, ihr Gezeter, sobald sie eine Gefahr wittern, zum Beispiel eine Katze. Es ist fester Bestandteil des (Vor-)Stadtsounds.

Amseln bringen Musik in unser Leben, verlässlicher als jeder andere Vogel um uns herum. Es ist ein Glück, dass gerade Amseln, heute eine der häufigsten Arten überhaupt, unsere Nähe suchen, denn ursprünglich lebten sie in Wäldern, wo sie auch heute noch anzutreffen sind, und erst im 19. Jahrhundert begannen sie, uns Menschen in Parks und Gärten der Ortschaften zu folgen.

Es ist die Amsel, die unsere Vorstellung von Vogelgesang definiert und entscheidend zu unserem Verständnis von Vogelgesang beiträgt.

ALS DER GESANG ANFING

Wenn ich beweisen möchte, dass wir Menschen die Musik von den Vögeln haben, dann muss ich zuallererst nachweisen, dass die Vögel und ihr Gesang bereits vor den Menschen da waren, bevor diese anfingen zu singen und zu musizieren. Das ist kein Problem. Die Erde war schon voller Vogelgesang, als es noch gar keine Menschen auf ihr gab. Menschen in der heutigen Ausprägung existieren erst seit etwa 200.000 Jahren, Vögel dagegen gab es bereits zuzeiten der Dinosaurier.

Vögel stammen sogar direkt von den Dinosauriern ab oder, wie manche Wissenschaftler präzisieren, von den Flugsauriern. Seitdem es in der gegenwärtigen Klassifizierung mehr um genetische Merkmale als um morphologische Eigenschaften (wie Umrisse und Form, sprich einfache Merkmale) geht, ist diese Disziplin voller Widersprüche und Dissens. Für diejenigen, die nicht in den wissenschaftlichen Diskurs involviert sind, ist es fast unmöglich, einen einigermaßen gesicherten Standpunkt auszumachen; wir müssen versuchen mit den Dingen klarzukommen, so gut es geht.

Gemeinhin gilt Archaeopteryx als der erste Vogel. Er lebte im Oberjura, also vor etwa 200 Millionen Jahren, am Anfang des Dinosaurierzeitalters. Manche sehen ihn als Dinosaurier mit Gefieder, nicht als echten Vogel. Doch unabhängig davon war er ein gefiedertes Wesen der Frühgeschichte. Die Unterscheidung von gefiederten Dinosauriern und den heutigen Vögeln ist aufgrund neuerlicher Funde komplexer und schwieriger geworden, und wie wir bereits gesehen haben, hat es die Natur nicht so mit unverrückbaren Gesetzen. Allgemein lässt sich jedoch sagen, dass es damals neben den Dinosauriern bereits echte Vögel und echte Säugetiere gab: Säugetiere vor 200 Millionen Jahren, Vögel vor 150 Millionen Jahren.

Vor 65 Millionen Jahren, an der Kreide-Paläogen-Grenze, also am Übergang von der Kreidezeit zum Paläogen, verschwanden die Dinosaurier von der Erde. Ausgelöst wurde das Dinosauriersterben vermutlich von einem Zusammenprall der Erde mit einem Meteoriten (es zählt zu den bislang fünf Massenaussterben der Erdgeschichte; das sechste geschieht gerade vor unseren Augen, wie nicht wenige meinen).

Es brauchte lange, bis sich das Leben auf der Erde von den enormen Auswirkungen des Meteoriteneinschlags erholte. Eine Vielzahl ökologischer Nischen war mit dem Verschwinden der Dinosaurier (und zahlreicher anderer Tierarten) entstanden, die es neu zu besetzen galt – die Natur hasst Leerstand. Nach und nach entwickelten sich Vögel und Säugetiere, die die Lücken füllten – ein Umstand, der adaptive Radiation genannt wird. Und so änderte sich das Leben auf der Erde einmal mehr dramatisch.

Fossilien, die darauf schließen lassen, dass in jener Zeit auch schon kleine Vögel existierten, gibt es kaum, was nicht verwunderlich ist, da ihre zarten hohlen Gebeine nicht leicht fossilisieren. Da die meisten Singvögel klein sind, dafür ausgestattet, sich von Insekten, Körnern, Samen und Früchten zu ernähren, sind auch deren Überreste leicht zu übersehen. Die ältesten Fossilien von Sperlingsvögeln – der Ordnung, zu der alle Singvögel zählen – wurden im australischen Queensland gefunden und sind etwa 55 Millionen Jahre alt. Heute wird angenommen, dass sich die Sperlingsvögel von Australien und Neuguinea aus in alle Windrichtungen verbreitet haben.

Die große Ordnung der Sperlingsvögel lässt sich in zwei Unterordnungen einteilen: die Schreivögel und die Singvögel. Der Begriff „Singvogel“ ist jedoch wenig zutreffend und spiegelt den Chauvinismus der Nordhalbkugel wider. Dennoch werden wir ihn weiterhin verwenden, denn schließlich handelt dieses Buch überwiegend von Vögeln der Nordhalbkugel. Diese Gruppe unterscheidet sich von den Schreivögeln durch ihren komplexeren Gesangsapparat. Die Singvögel stellen eine große evolutionäre Erfolgsgeschichte dar: ein Erfolg, der sich zunächst an der großen Zahl der Arten, die diese Gruppe inzwischen hervorgebracht hat, ablesen lässt, nicht so sehr an Intelligenzquotient, Größe, Komplexität oder anderen Kategorien, die der menschlichen Perspektive entsprechen. In der Evolution geht es nicht darum, ein hochentwickeltes, intelligentes Wesen hervorzubringen, sondern solche, die überlebensfähig sind, Nachwuchs zeugen und ihre Gene weitergeben können. Es geht auch nicht um Weiterentwicklung – die Evolution hat keine anderen Ziele als das Überleben.

Bezogen auf die Anzahl der Arten waren die Singvögel seit der adaptiven Radiation, die vor etwa 40 Millionen Jahren ihren Anfang nahm, extrem erfolgreich – und sind es nach wie vor. Angenehmer Nebeneffekt: Seitdem ist die Erde voller Vogelgesang. Mit aktuell mehr als 40 Prozent sind Singvögel auf dem besten Weg, nahezu die Hälfte aller Vogelarten auf der Erde auszumachen.

Menschen gesellten sich erst viel später zu dieser singenden und wimmelnden Welt. Wenn man sich die Erdgeschichte im Zeitraffer als ein einziges Jahr vorstellt, betrat der Mensch erst kurz vor Mitternacht an Silvester die Bühne der Erde. Mark Twain sagte einst unter Zuhilfenahme einer etwas weniger präzisen Chronologie: „Der Mensch ist jetzt seit 32.000 Jahren da. Dass hundert Millionen Jahre nötig waren, die Erde für ihn herzurichten, dient zum Beweis dafür, dass er das geworden ist, wofür es getan ward. Ich nehme es an. Wissen tu ich's nicht. Wenn der Eiffelturm das Alter des Erdballs vorstellte, so entspräche die Farbschicht auf seinem Gipfelknopf dem menschlichen Anteil an diesem Alter, und jedermann müsste einsehen, dass diese Farbschicht der Sinn des ganzen Gebildes sei. Ich nehme jedenfalls an, man sähe dies ein; wissen tu ich's nicht."[6]

Möglicherweise ist das Größte, was der Mensch in der kurzen Zeit am Silvesterabend oder in dieser dünnen Farbschicht an Jahren erreicht hat, das sechste Massensterben.

---

6 Günter Stolzenberger: Mark Twain für Boshafte, 2010.

DER GRÜNFINK

Ein Grünfink klingt wie ein Mensch, der einen Vogel mehr oder weniger gekonnt nachahmt, aber nicht wie ein Mensch, der mit den Lippen pfeift, sondern wie einer, der eine Pfeife benutzt, die einen Vogel imitiert, eine Pfeife, die mit Wasser gefüllt ist und ein plätscherndes Trällern erzeugt. Das Tempo ist gleichmäßig und entspannt, nicht ganz so lässig wie bei der Amsel. Eigentlich ist der Grünfinkgesang auch ganz hübsch und abwechslungsreich, aber er ist nicht unbedingt einfach zu erkennen, zumindest nicht für Anfänger. Denn er hört sich eben nicht wie von einer speziellen Vogelart an, sondern eher wie die Abstraktion von Vogelgesang.

Zum Glück tut uns der Grünfink einen Gefallen und fügt regelmäßig einen unverkennbaren Zwischenruf ein: ein schräges, fast kreischendes Glissando mit abnehmender Tonhöhe, ein abfallendes „Schweep“.

Man kann dieses „Schweep“ als Ausdruck seines Erregungszustands interpretieren. Wer es vernimmt, weiß mit hundertprozentiger Sicherheit, dass er es mit einem Grünfink zu tun hat. Ausgehend vom „Schweep“ kann man dann den Rest des Liedes lernen. Grünfinken singen nicht nur von festen Plätzen aus, sie lassen ihr Lied auch ertönen, wenn sie in ihrem Revier umherfliegen.

WIE ICH DIE MUSIK ERFAND

Vögel brachten uns nicht nur den Gesang, sondern auch die instrumentale Musik. Vögel schenkten uns die Melodie. Für Vögel ist Musik Leben und Tod gleichermaßen: Für uns Menschen ist es die schönste sinnloseste Sache im Leben.

Am Anfang aller menschlichen Musik steht der Rhythmus, etwas, was beim Gesang der Vögel eine untergeordnete Rolle spielt. Säugetiere haben ein viel stärkeres Rhythmusempfinden als Vögel. Fast jeder Mensch erblickte das Licht der Welt nach einem neunmonatigen Schlagzeugsolo, etwas, was ein Vogel, der aus einem Ei stammt, niemals erfahren wird. Erst nach der Geburt dringt die Melodie in unser Bewusstsein. Der Mensch hörte sie und fing an zu singen, er hörte sie wieder und versuchte, einen Klang zu erzeugen, der der Stimme der Vögel näherkam.

Die ersten Musikinstrumente ahmten den Gesang von Vögeln nach – es waren die Flöten. Der Grund dafür war, wie ich vermute, nicht die Tatsache, dass sich Flöten leicht herstellen lassen – denn die Herstellung eines Saiteninstruments oder eines melodischen Schlaginstruments wie eines Xylofons dürfte nicht schwieriger sein. Dennoch waren Flöten die ersten Instrumente, die der Mensch anfertigte, und das tat er, um so zu klingen wie die Vögel. Denn Vögel, das wussten die damaligen Menschen bereits, sind Musik.

Als ich mich einmal in einer Ebene in Afrika befand und ein lebhafter Wind um meinen Kopf blies, entdeckte ich Knochen eines bereits vor längerer Zeit gestorbenen Wüstenwarzenschweins. Einige der Knochen waren ausgehöhlt, wahrscheinlich von hungrigen Wirbeltieren. Ich hob einen Knochen auf und es ertönte Musik, allerdings nicht von mir gemacht. Ich hielt den Knochen nur, der

Wind blies hindurch und erzeugte einen Ton. Wenn ich ihn drehte, gab es nicht nur einen einzelnen Ton, sondern gleich mehrere hintereinander. Es war immer der gleiche Ton, aber es war gewiss nicht schwer, einen anderen Knochen zu finden, mit dem sich ein anderer Ton erzeugen ließ. Der Knochen klang wie ein Vogel. Ich hatte die Musik erfunden.

Das älteste bekannte Musikinstrument ist 67.000 Jahre alt und wird – nicht mehr verwunderlich – Knochenflöte genannt. Gefunden wurde die 10 Zentimeter lange Flöte in der Höhle Divje Babe in Slowenien, gemacht aus dem Oberschenkelknochen eines jungen Höhlenbären, eines Tiers, das vor etwa 25.000 Jahren ausgestorben ist. Der Knochen weist einige Löcher auf und schaut genau so aus, wie man es von der allerersten Flöte erwartet. Es gibt jedoch Spielverderber, die bezweifeln, dass es sich um eine Flöte handele; sie sehen darin lediglich einen von einem Fleischfresser abgenagten Knochen, der rein zufällig zwei schöne, symmetrische Öffnungen besitzt.

Ich bevorzuge die erste Fassung. Es gibt auch viele weitere Flöten, die zwar jünger sind, aber immer noch alt genug. In Ulm etwa wurde eine Flöte mit fünf Öffnungen entdeckt, die vor etwa 35.000 Jahren aus dem Flügelknochen eines Geiers gefertigt wurde. Es ist im Grunde vollkommen naheliegend, eine Flöte aus Knochen zu machen – nicht zuletzt auch deswegen, weil der Knochen von einem Vogel stammt und es darum geht, den Gesang eines Vogels zu imitieren. Ein weiterer Grund: Vogelknochen sind natürlicherweise hohl, was bedeutet, dass sie schon mehr oder weniger flötenartig sind. Spätestens vor 6000 Jahren wurden Flöten in verschiedenen Kulturen an vielen Orten der Welt hergestellt. Flöten aus einer chinesischen Kollektion von vor 8000 Jahren sind teilweise sogar noch spielbar.

Andere Musikinstrumente außer Flöten entstanden erst 2600 v. Chr. In Ur im Reich der Sumerer fand man eine ganze Sammlung von Leiern und Harfen – neben einer Vielzahl an Flöten.

Als die Menschen damit anfingen, Musik jenseits der Grenzen der menschlichen Stimme zu machen, hatten sie nur ein Ziel: wie Vögel zu klingen. Die Vögel brachten uns zur Musik. Im Rhythmus hören wir – fühlen wir – das Erbe der Säugetiere, während die Melodie uns zu einer anderen Wirbeltierklasse führt. Es ist die Verbindung über Klassen hinweg, die uns die Musik beschert hat. Vögel haben unsere musikalische Agenda geprägt. Infolgedessen haben wir angefangen zu singen und zu tanzen, und wir drücken bereits über Jahrtausende hinweg unsere Trauer und Freude mithilfe von Musik aus.

DIE FELDLERCHE

Erzeugt die Amsel die Hintergrundmusik, dann ist die Feldlerche für die Vordergrundmusik zuständig. Nicht dass ihr Lied irgendwie spektakulärer wäre als das der Amsel, aber es prägt sich anders ein, was mit dem Ort, an dem es erklingt, zu tun hat. Offenbar hat das Lied etwas, was wir Menschen auf uns beziehen. Es ist ein Symbol menschlicher Sehnsucht und Freude.

Man kann die Lerche kaum überhören. Die Sänger, über die wir bisher gesprochen haben, waren Vögel, die in Baumkronen, im Dickicht und in Wäldchen leben, in Hecken, Hainen und Gärten – Orten, an denen der Blick in die Ferne versperrt ist. Feldlerchen dagegen sind Vögel offener Landschaften: Je mehr Himmel, umso besser gefällt es ihnen. Und wenn sie singen, sind meistens nicht viele andere Vögel in der Nähe. Ihre Bühne ist der Himmel, der mehr oder weniger leer ist, zumindest was andere Sänger angeht, und den sie für sich in Beschlag nehmen. Äcker, Wiesen, offene Heidelandschaften: Das sind die Orte, an denen sie gern nisten und an denen das Männchen sein Lied singt.

Solche Orte haben naturgemäß nur sehr wenige erhöhte Singwarten, und daher kommt die Feldlerche auch gut ohne sie aus: Sie singt im Flug, während sie kreist oder auch still in der Luft steht, meist während sie allmählich weiter aufsteigt, als würde sie an einem Seil gen Himmel gezogen werden. Wenn man gerade an einem solchen Ort ist und ein Vogellied hört, das stetig und unaufhörlich, ohne Ruhe- oder Atempause ertönt, dann ist es die Feldlerche.

Endloser, unaufhörlicher Gesang mit anscheinend unendlich vielen Variationsmöglichkeiten eines beständigen musikalischen Themas, bei dem Strophen aus wiederholten Silben erzeugt werden, laut, klar und immer erstaunlich. In weiten offenen Gegenden kann man oft mehrere Feldlerchen gleichzeitig hören, von denen jede ihre eigenen paar Quadratmeter Revier beansprucht.

Endlos. Das ist der Kern des Feldlerchenliedes. Oft singen sie zehn Minuten lang an einem Stück, manchmal sogar 30 Minuten. Fliegen ist anstrengend für einen Vogel, und um den Stoffwechsel aktiv zu halten, benötigen sie andauernd Nahrung. Aus diesem Grund ist es wichtig, gute Nahrungsquellen zum Aufziehen des Nachwuchses zu schützen. Singen ist die größtmögliche Anstrengung und so konzipiert, dass etwaige Bluffer sofort enttarnt werden. Der Energieaufwand, den die Feldlerche in ihr Lied steckt, ist fast genauso schwindelerregend wie das Lied selbst. Welcher andere Vogel steckt so viel von sich selbst in eine Darbietung?

Feldlerchen halten sich keineswegs zurück: Bereits am frühen Morgen – Lerchen sind Frühaufsteher – fangen sie an zu singen, und sie singen den ganzen Tag hindurch bis spätabends. Sie singen aus großer Höhe, von einem Punkt aus, an dem sie alles überblicken können. Sie lassen Musik regnen und niederprasseln, wie der Lyriker Gerard Manley Hopkins formulierte.

Dennoch ist die Feldlerche eigentlich ein Bodenvogel. Die Nahrungssuche, das Nisten und zahlreiche andere wichtige Dinge im Leben dieses Vogels geschehen am Boden. Man ertappt die Lerche öfter beim Ausstoßen von eigenartigen Rufen, wenn sie am Boden unterwegs ist oder in niedriger Höhe von einer Nahrungsquelle zur anderen fliegt. Ein Singvogel ist sie zwar das ganze Jahr hindurch, aber nur wenige Wochen zeigt sie sich am Himmel, wo sie ihre beeindruckende und uns Menschen beglückende Leistung vollbringt.

EIN HAUCH FRISCHER LUFT

Wann atmet die Feldlerche eigentlich? Wie schafft sie es, mit nur einem Atemzug so lange zu trällern? Das ist das große Geheimnis der Feldlerche, dass ein so kleines Wesen mit so kleinen Lungen so lange durchhält, ohne seinen Sauerstoffvorrat wieder aufzufüllen. Noch erstaunlicher ist die Antwort auf die anfänglichen Fragen wann und wie: Immer und sie tut es nicht.

Haben Sie schon mal ein Didgeridoo bespielt? Ein geübter Musiker kann mit diesem Instrument einen kontinuierlichen Ton erzeugen. Auch hier stellen sich die Fragen: Wann atmet der Didgeridoo-Spieler, und wie schafft er es, mit nur einem Atemzug so lange zu spielen? Immer und er tut es nicht. Stattdessen wendet er eine Technik an, die Kreisatmung (auch Zirkular- oder Permanentatmung) genannt wird. Eigentlich ist der Begriff Kreis- oder Zirkularatmung nicht korrekt, da die Atmung nicht zirkular ist, sondern nur so erscheint. Man pumpt Luft in seine Lunge und bläst seine Backen auf. Danach bläst man mithilfe seiner Kiefermuskulatur Luft aus dem Mund heraus – in das Didgeridoo hinein – und atmet gleichzeitig wieder durch die Nase ein. Wer diese Technik einmal beherrscht, kann so eine ganze Weile durchhalten. Angewandt wird diese Technik von Spielern von Blasinstrumenten, Blech wie Holz gleichermaßen. Dem amerikanischen Jazzvirtuosen Kenny G gelang es, einen Ton 45 Minuten lang ununterbrochen ertönen zu lassen.

Vögel wenden die echte Kreisatmung an, ohne zu schummeln, und die funktioniert so: Die Luft fließt nicht einfach durch den Körper hindurch, kehrt um und fließt zurück, bis sie aufgebraucht ist. Nein, sie fließt durch zwei Lungen, neun unabhängige Luftsäcke und sogar durch die hohlen Knochen. Die Luft dreht in einem

Vogel nicht einfach um und kommt ohne Sauerstoff zurück. Es ist also keine kontrollierte Ein- und Ausbewegung mithilfe eines Zwerchfells.

Die Luft dringt in den Vogelkörper über die Nasenlöcher ein, die sich an der Schnabelbasis befinden – es sei denn, es handelt sich um einen Kiwi, bei dem die Nasenlöcher an der Schnabelspitze sitzen, oder einen Tölpel, der gar keine Nasenlöcher besitzt. Vermutlich deswegen, weil er einen Großteil seines Lebens damit verbringt, aus großer Höhe ins Meer einzutauchen, und Nasenlöcher da nur stören würden. Danach schlägt die Luft einen großen, kreisförmigen Bogen durch die Lufthöhlen des Vogels, sodass ein Vogel immer über frische, sauerstoffreiche Luft in seinen Lungen verfügt. Ideal für ein Tier, dessen grundsätzliche Fortbewegungsmethode gleichzeitig die energieaufwendigste von allen ist: fliegen.

Diese Atmung erlaubt es dem Vogel, laut (zumindest gemessen an seiner Größe) und über einen längeren Zeitraum hinweg zu singen. Was es ihm möglich macht zu fliegen, versetzt ihn auch in die Lage zu singen. Die Feldlerche kann beides gleichzeitig – eine außergewöhnliche und anschauliche Demonstration dessen, was einen Vogel so besonders macht.

MUNTERER GEIST

Gibt es ein Lied, das die Menschen mit größerer Begeisterung aufnehmen als das der Feldlerche? Vielleicht, aber dazu kommen wir erst am Ende dieses Buches. Wer zeigen will, dass Vogelgesang für uns Menschen wichtig ist, dem hilft ein kurzer Blick in die Werke der Dichter. Immer wieder landen diese bei der Feldlerche. Kaum einem anderen Vogel verdankt der Mensch so viel Freude, so viele wunderbare Verse, so viele philosophische Exkurse über Gott, die Welt, das Leben und die Menschheit. Der Gesang der Feldlerche, die ihr Revier absteckt und verteidigt, berührt den Zuhörer unten am Boden und lässt ihn über den Sinn des Lebens nachdenken.

Das Feldlerchenlied inspiriert die Dichter, da es so außergewöhnlich ist und niemand, außer einem Dummkopf, es missen möchte. Nicht jeder wird das Lied sofort erkennen, wenn es ihm vorgespielt wird. Doch prasselt es in seiner endlosen, unaufhaltsamen Komplexität vom Himmel herab, dann kann es kein anderer Vogel sein als die Feldlerche. Ich bin geneigt zu behaupten, dass sogar ein Dichter den Vogel aufgrund seiner Eindeutigkeit erkennen könnte, aber das wäre gemein. John Clare war ein ausgezeichneter Vogelbeobachter und auch Gerard Manley Hopkins kannte sich so gut aus, dass er eine Feldlerche problemlos aus dem Umgebungslärm heraushören konnte.

Clare verglich Feldlerchen mit Menschen und schrieb eine Moralpredigt über Demut:

Had they thy wing
Like such a bird, themselves would be too proud
And build on nothing but a passing cloud!

Hätten sie deine Flügel
Wie solch ein Vogel, wären sie zu stolz
Und würden auf nichts bauen außer auf vorbeischwebende Wolken!

Shelley verfasste das berühmteste Feldlerchengedicht überhaupt, in meinen Augen vielleicht nicht unbedingt das beste:

Hail to thee, blithe spirit!

Diese erste Zeile gehört heute zum englischen Wortschatz – jedermann kennt sie, aber die meisten haben längst vergessen, was folgt:

Bird thou never wert –
That from heaven or near it
Pourest thy full heart
In profuse strains of unpremeditated art.

Der Vogel wird dafür gefeiert, was er uns über das Leben erzählt:

Teach me half the gladness
That thy brain must know;
Such harmonious madness
From my lips would flow,
The world should listen, as I am listening now.

Wohl dir, munterer Geist!
Vogel warst du nie –
Der aus dem Himmel oder der Nähe
Dein volles Herz ergießt
In überschwänglichen Klängen impulsiver Kunst.

Lehre mich, die halbe Freude
Die dein Gehirn kennen muss;
Solch harmonierte Tollheit
Würde über meine Lippen fließen,
Die Welt sollte hinhören, wie ich jetzt hinhöre.

Oder anders ausgedrückt: Wenn ich schreiben könnte, wie eine Feldlerche singt, dann wäre ich im Nu an der Spitze der Bestsellerlisten. Es scheint fast so, als hätte sich jeder, der einen Stift führen kann, schon mal an der Feldlerche versucht. Wordsworth tat es wie folgt:

„Dost thou despise the earth where cares abound?“ (Verachtest du die Welt, in der Umsicht im Überfluss vorhanden ist?), während George Meredith uns „The Lark Ascending“ (Die aufsteigende Lerche) hinterließ, wenngleich das Gedicht nicht mit Vaughan Williams und dessen Musik, zu der ihn das Gedicht inspiriert hat, mithalten kann.

Hopkins verfasste zwei Gedichte über die Feldlerche: „The Caged Skylark“ (Die Lerche im Käfig) beginnt wie folgt: „As a dare-gale skylark scanted in a dull cage…“ (Wie die Lerche, die den Sturm trotz, verkümmert in einem öden Käfig…) Mein Lieblingsgedicht von Hopkins jedoch ist „The Sea and the Skylark“ (Das Meer und die Feldlerche):

His rash-fresh re-winded new-skeinèd score
In crisps of curl off wild winch whirl, and pour
And pelt music, till none's to spill nor spend.

Seine tollkühn frische, auf- und abwindende, neu geflochtene Partitur

In frischen Zirkeln, wilden sich windenden Wirbeln, und herausströmende
Und prasselnde Musik, bis es nichts mehr zu verschütten noch zu verbrauchen gibt.

Hopkins' spontane Freude über wilde Wunder ist etwas, was ich und vermutlich viele andere mit ihm teilen. Hopkins führt diese Freude immer auf Gott zurück, aber ich denke, dass auch bei ihm Gott nur ein nachträglicher Gedanke ist. Die Verbindung zwischen menschlichem und nichtmenschlichem Leben, die möglich wurde, weil er die wilden Wunder plötzlich verstand, ist für mich schon gut genug.

Auch zeitgenössische Dichter haben offensichtlich ein Faible für Feldlerchen, wie Diana Hendry in ihrem „Skylark Researcher" (Feldlerchenforscher) zeigt:

I try to pretend that they are simply out
Of fashion, like Shelley,
But secretly I am afraid
They have been hushed up …
Or that they have worn themselves out to a frazzle
Singing their hearts out at the blank sky.

Ich versuche so zu tun, als ob sie einfach
Aus der Mode wären, wie Shelley,
Aber im Geheimen fürchte ich,
Dass sie totgeschwiegen wurden …
Oder dass sie sich selbst zu einem Fetzen abgenutzt haben
Ihr Herz in den kahlen Himmel hinaussingend.

Rory McGrath ließ sich für sein herrliches Buch „Bearded Tit“ von der Feldlerche inspirieren. Das ist zwar kein Gedicht, aber das Ende des betreffenden Kapitels:

> And the collective noun for skylarks?
> An exaltation.
> Perfect.
> Peerless king of summer sky.
> What a bird!
> What a day. What a memory. Oh yes, I suppose I should say:
> What a joint!

> Und das gemeinschaftliche Nomen für Feldlerchen?
> Ein Hochgefühl.
> Perfekt.
> Unvergleichlicher König der Sommerhimmel.
> Was für ein Vogel!
> Was für ein Tag. Was für eine Erinnerung. Oh ja, ich vermute, ich sollte sagen:
> Was für eine Verbindung!

Ein weiteres Gedicht über die Feldlerche stammt von Isaac Rosenberg. Es ist nicht das beste Gedicht über diesen Vogel, aber ziemlich gut, und außerdem interessant für Menschen, die sich für Vogelstimmen und für ihre Bedeutung für uns Menschen interessieren. Rosenberg verfasste das Gedicht, als er als Soldat an der Somme war, wo er 1918 starb. Er erzählt von der Rückkehr von einer nächtlichen Patrouille durch Niemandsland. Hier die vollständige Fassung:

And though we have our lives, we know
What sinister threat lies there.
Dragging these anguished limbs, we only know
This poison-blasted track opens on our camp –
On a little safe sleep.
But hark! joy – joy – strange joy.
Lo! heights of night ringing with unseen larks.
Music showering our upturned list'ning faces.
Death could drop from the dark
As easily as song – But song only dropped,
Like a blind man's dreams on the sand
By dangerous tides,
Like a girl's dark hair for she dreams no ruin lies there,
Or her kisses where a serpent hides.

Und obwohl wir unsere Leben haben, wissen wir
Welch finstere Bedrohung dort liegt.
Diese gepeinigten Glieder schleppend, wissen wir nur,
Dass dieser giftige versprengte Weg in unser Lager führt –
Für ein wenig sicheren Schlaf.

Doch hört! Freude – Freude – außergewöhnliche Freude.
Sehet! Die Höhen der Nacht klingen mit unsichtbaren Lerchen.
Musik, die unsere nach oben gewandten, lauschenden Gesichter überströmt.

Tod könnte aus der Dunkelheit stürzen
Ebenso leicht wie Gesang – Doch nur Gesang stürzte hinab,
Wie die Träume eines blinden Mannes auf Sand

Während gefährlicher Gezeiten,
Wie das dunkle Haar eines Mädchens, denn wenn sie träumt,
führt dies nicht zum Ruin,
Oder ihre Küsse, wo eine Schlange sich verbirgt.

Ein kleiner Vogel, nur für einen kurzen Moment erblickt, spendet Trost, sogar in der Hölle. Es wäre dumm, wenn wir angesichts der drängenden Probleme des 21. Jahrhunderts den Trost des Vogelgesangs und des Liedes der Feldlerche verschmähten, statt uns davon berühren zu lassen.

2017

DER ZILPZALP

Es ist kein großartiges Lied, zumindest verglichen mit dem Lied der Feldlerche, aber dennoch zählt es zu den Höhepunkten eines Vogeljahres. Das Lied, im Verborgenen gesungen, mag etwas eintönig erscheinen, dabei zeigt es an, dass der Winter, dem die Kohlmeisen, Amseln und Feldlerchen bereits schwer zugesetzt haben, jetzt definitiv auf dem Rückzug ist. Es ist der Moment, an dem das Jahr eine Kehrtwende erlebt.

Nun folgt etwas, was ein bisschen selbstgefällig klingt: Nur wenige Menschen kennen den Zilpzalp. Wer seinen Ruf identifiziert, ist schon ein ganz guter Vogelbeobachter und in ein großes Geheimnis eingeweiht, das nur wahre Experten kennen. Sie wissen, dass der Zilpzalp mit seinem Ruf den unumkehrbaren Triumph des Frühlings verkörpert.

Der Zilpzalp zählt zu den ersten Ziehern, die aus ihren Winterquartieren zurückkehren und sofort ihr Lied anstimmen. Der Grund für ihre frühe Rückkehr ist, dass einige in Südeuropa oder Nordafrika überwintern und somit keine großen Strecken zurücklegen müssen. Das ist ähnlich beim Fitis, der, wie bereits erwähnt, sein Winterquartier in Afrika südlich der Sahara aufsucht – doch ihre Lieder sind völlig unterschiedlich. Dem Fitis werden wir später noch begegnen, wenn der Triumph des Frühlings erste Schwächen zeigt. An dieser Stelle beschäftigen wir uns mit dem Lied des Zilpzalps.

Die Grundeinheit besteht aus zwei Silben: „zilp“ und „zalp“. Somit weicht das Lied des Zilpzalps sehr stark vom ebenfalls zweisilbigen Lied der Kohlmeise ab. Der Unterschied liegt darin, dass beim Lied des Zilpzalps die Betonung auf beiden Silben gleichermaßen liegt. Übrigens heißen Zilpzalps im Englischen *chiffchaff*, im Walisischen *siff-saff* und im Niederländischen *tjiftjaf*. Das Lied hat einige leichte Variationen und ertönt oft sogar dreisilbig – „Zilp-zalp-zilp, Zilp-zalp-zilp“ – und in unterschiedlich langen Versen.

Das Lied erschallt meist von irgendwo hoch oben in der Baumkrone, den Vogel selbst bekommt man nur selten zu Gesicht. Also bleibt einem nur zu lauschen. Wenn Ihre Ohren den Klang erkennen, dann werden Sie feststellen, dass dieser frühe Zieher oftmals bereits Mitte März eintrifft und seinen Ruf ertönen lässt – eine dramatische Neuerung im bestehenden Gesangsmuster der Standvögel und die Verheißung, dass noch viel schönere Lieder in den kommenden Wochen ertönen werden.

Überlegen Sie mal: Ein Vogel fliegt Hunderte von Kilometern, um den Frühling und Sommer bei uns zu verbringen und um die Vogelpopulation hierzulande zu vergrößern, und sein Lied besagt, dass jene Vögel, die noch viel größere Strecken von vielen Tausenden von Kilometern zurücklegen müssen, sich jetzt langsam dem Ziel ihrer unglaublichen Reise nähern. Und jeder dieser Vögel bringt seine wunderbaren eigenen Lieder mit.

Der Zilpzalp ist nicht der Meister, aber der Vorbote, der Verkünder jener Vögel, die größer und großartiger sind. Dennoch können wir uns auch an ihm erfreuen, als Zeichen wunderbarer Hartnäckigkeit, Ausdauer und Verheißung.

Heutzutage profitieren manche Zilpzalps von unseren milden Wintern und setzen sich nicht mehr der Wanderung, dem Vogelzug, aus. Ein Wagnis, schon, aber der Vogelzug ist nicht weniger ein Wagnis. Die Dagebliebenen gehen davon aus, dass es keine lang anhaltenden, unter Umständen tödlichen Frostperioden geben wird, während die Reisenden glauben, dass sie die Reise überstehen werden und die Rastplätze auf ihrer Strecke nach wie vor unverändert existieren. Beide Strategien kennen Gewinner und Verlierer.

Aber im März ertönt das liebliche, einfache Lied aus den Kronen der größten Bäume – Zeit, sich daran zu erfreuen.

UMSIEDLUNG IN KRISENZEITEN

Nuklearstrategen würden es „Umsiedlung in Krisenzeiten" nennen. Was bedeutet: sich nicht dort aufzuhalten, wo die Krise gerade ausbricht. Vögel nutzen diese Strategie bereits seit Jahrmillionen. Ein Beispiel einer solchen Krise ist der Winter. Wenn der kommt, ist es keine schlechte Idee, sich anderswohin zu begeben. So hat sich der Vogelzug entwickelt.

Die meisten – aber nicht alle – Vogelzugrouten verlaufen von Nord nach Süd. Die Vögel wandern, um sich dem kalten Wetter zu entziehen. Viele Vögel, die im Sommer hierzulande brüten, verbringen den Winter in der Ferne. Manche ziehen nach Südeuropa und Nordafrika, andere haben noch weitere Ziele jenseits der Sahara, also südlich des Äquators. Einer der schönsten Gesänge, die ich jemals gehört habe, ist das Lied des Fitisses in der Kalahari-Wüste. Die Landschaft dort entspricht eher trockenem Buschland als echter Wüste, und dann ertönte hier ein Gesang, der den kühlen Frühling Westeuropas in sich barg, ein liebliches, angenehmes Lispeln mit abnehmender Tonhöhe, und es klang klar und optimistisch, auch Tausende von Kilometern entfernt an einem unwirtlichen, aber durchaus bewohnbaren Ort. Ein Ort, der mir sehr fremd war, erwies sich als die Winterresidenz des Fitisses, der in England, wo ich lebe, vielleicht mein Nachbar war.

Warum zurückkehren? Warum nicht gleich dort bleiben, wo es warm ist? Gute Frage. Nicht selten suchen Zieher ihre Winterquartiere auf, um Nahrungsquellen zu erschließen, die zwar beträchtlich, aber auch unberechenbar sind. Diese Quellen reichen einem Vogel vielleicht nicht für alle zwölf Monate eines Jahres. Außerdem hat die Nordhalbkugel auch gewisse Vorteile. Die wechselnden Witterungsbedingungen sorgen nicht nur dafür, dass das Angebot an Insekten – ausgewachsene Exemplare, Raupen und Larven – in manchen Zeiten extrem groß ist, auch die Tage dort sind sehr lang. Letzteres führt dazu, dass der Vogel zusätzliche Stunden zur Nahrungssuche zur Verfügung hat und somit eine größere Wahrscheinlichkeit, viel Nachwuchs großzuziehen, vielleicht in mehreren Gelegen. Den kühleren Regionen zu entfliehen lohnt sich, aber dorthin zurückzukehren ebenfalls.

Die Reisen selbst sind ein Kraftakt. Viele Kleinvögel – die Singvögel, um die es in diesem Buch besonders geht, noch mehr als andere – fliegen nachts. Wahrscheinlich tun sie dies, weil sie Fixsterne zum Navigieren nutzen – ein sichereres Vorgehen als das Navigieren anhand des stetig wechselnden Sonnenstandes. Die meisten Vogelzugrouten folgen einem großen Rundkurs, der kürzesten Entfernung zwischen zwei Punkten auf einer Halbkugel: Vögel haben die sphärische Trigonometrie geknackt.

Das nächtliche Reisen hat aber noch andere Vorteile: Die Wahrscheinlichkeit, Greifvögeln zum Opfer zu fallen, ist geringer, und außerdem fängt man leichter Schallsignale von unten auf, etwa von Artgenossen, die so ihren Aufenthaltsort kundtun. Vögel sind sehr gute Vogellauscher – das müssen sie auch sein.

Greifvögel und andere Vögel, die segeln können – und somit an Höhe gewinnen, ohne die Flügel zu bewegen –, ziehen es vor, tagsüber zu wandern. Denn nur dann können sie aufsteigende Luftsäulen nutzen und mit ihrer Hilfe aufsteigen. Ein etwas mühseliger Vorgang, zumindest in unseren Augen, aber in hohem Maße energieeffizient. Wie Fischadler, Rohrweihen und Baumfalken ziehen auch andere Greifvögel von hier weg. Störche sind ebenfalls Segler und Gleiter, die tagsüber wandern.

Vögel kehren zu ihren Sommerquartieren zurück, weil sie dort Vorteile haben – hinsichtlich Überlebenschancen, Nachwuchs erzeugen, im Sinne von Evolution. Kein Grund, darüber irgendwie sentimental zu werden. Gleichwohl ist die Rückkehr unserer Zugvögel eine wunderbare und sehr emotionale Sache. Es ist großartig, jedes Jahr im Frühling wieder ihre Rückkehr zu erleben. Ich meine, das Allerschönste beim Bestimmen von Vogelstimmen ist, dass man dadurch sehr bewusst das Schauspiel wahrnimmt, das mit der Jahreszeitenwende einhergeht. Wem es gelingt, die Lieder der Zugvögel unter denen unserer Standvögel zu erkennen, für den gewinnt die Rückkehr unserer treuen Freunde noch einmal eine neue Dimension.

Natürlich ist der Begriff „treue Freunde“ eine schreckliche Vermenschlichung, dessen bin ich mir bewusst. Die Vögel kommen nur ihretwegen zurück, nicht unseretwegen. Dennoch dürfen wir ihre Rückkehr mit Freude begrüßen und die fabelhafte Leistung dieser gewaltigen Reise würdigen. Wir wissen, dass mit jedem Zieher, der zurückkehrt, das Wetter bei uns wieder besser, wärmer, angenehmer wird. Eine Schwalbe macht noch keinen Sommer, aber die erste Schwalbe verrät uns, dass weitere Schwalben unterwegs sind, dass der Frühling da ist und der Sommer bald folgen wird.

Und genau das ist es, was uns stark berührt. Bevor es Häuser und Zentralheizung gab, war der Winter für Menschen wie für die Vögel eine Zeit, die es zu überstehen und zu überleben galt. Für Menschen war Umsiedlung keine Option. Die Vögel waren zu beneiden und zu bewundern, dass sie dem Winter den Rücken kehren konnten – wenngleich man nicht genau wusste, wohin sie flogen oder ob sie etwa dablieben und Winterschlaf hielten. Und sie wurden bejubelt, wenn sie in unser Leben zurückkehrten. Deshalb können wir genau das feiern, was es auch für die Vögel bedeutet: die Jahreszeitenwende, das Aufziehen hellerer Tage.

In den Wochen zwischen Mitte April und Mitte Mai ertönt ein Chorgesang, in den sich sukzessive immer mehr Sänger einklinken. Wenn sich die Mönchsgrasmücke hat hören lassen – kann da der Fitis noch weit entfernt sein? Erst der eine Sänger, dann der nächste und wieder einer: Bis in den Mai hinein ist die Luft voller Vogelgesang.

DER KUCKUCK

Das Lied des Kuckucks ist womöglich das ultimative Vogellied. Vielleicht ist es so konzipiert, damit Menschen es nachahmen können. Vielleicht wurde es so konzipiert, damit sogar der dümmste und unmusikalischste Mensch es erkennen kann. Vielleicht wurde es aber auch so konzipiert, damit Menschen einen klaren Hinweis erhalten, wann sie den Frühling und den anschließenden Sommer feiern sollen.

> Sumer is icumen in!
> Lhude sing cucu!

Dieses altenglische Lied – „Der Frühling ist da, laut singt der Kuckuck" – ist ein Ringkanon. Manche halten es sogar für das älteste noch existierende Beispiel dieser Kompositionstechnik. Es stammt aus dem 13. Jahrhundert und beinhaltet auch die unsterblichen Zeilen „bucke verteth" (der Bock springt herum) und „the stag farts" (der Hirsch furzt), was ihm durchaus gestattet ist, wenn der Magen mit frischem Frühlingsgras gefüllt ist.

Das Lied des Kuckucks ist ein Festlied. Kuckucke tauchen immer mal wieder in Liedern und anderen Musikstücken auf. Man hört sie in Vivaldis „Vier Jahreszeiten" und in Beethovens „Sechster Symphonie", zwei der beliebtesten musikalischen Meisterwerke der Welt. Der aus zwei Tönen bestehende Ruf ist sehr laut und meilenweit zu hören.

Und genau das ist interessant. Denn der Kuckuck hat kein eigenes Revier im üblichen Sinne des Wortes. Er braucht so etwas auch nicht, da er keine Nahrungsquellen für etwaigen Nachwuchs benötigt. Diesen Teil seines Lebens delegiert er geschickt an andere Vögel, was über die Jahrhunderte hinweg Anlass für eine Vielzahl von Geschichten, Mythen, Metaphern und moralischen Belehrungen war. Auch wenn der Kuckuck in unseren Breiten der einzige Vogel ist, der sich als Nestparasit einen Namen gemacht hat, gibt es weltweit, neben zahlreichen weiteren Kuckucksarten, auch noch andere Vögel, die solches ebenfalls praktizieren: der afrikanische Indigofink etwa, dessen verschiedene Arten jeweils andere Arten parasitieren. Außerhalb der Brutsaison sind Kuckucke unauffällig und treten kaum in Erscheinung. Gute Vogelbeobachter erkennen und unterscheiden sie dennoch, obwohl sie Lied und Ruf ihres ahnungslosen Wirtes nachahmen.

Auch wer kein eigenes Revier besitzt, muss irgendwie mit Artgenossen des anderen Geschlechts in Kontakt kommen, spätestens dann, wenn man seine biologische Bestimmung erfüllen will. Man braucht einen Partner, bevor der Vorgang des Eierlegens in ein fremdes Nest beginnen kann. Die Tatsache, dass Kuckucke kein Revier benötigen, führt dazu, dass sie in einem sehr großen Gebiet umherstreifen können. Auch aus diesem Grund muss ihr Ruf sehr laut sein. Außerdem muss ihr Ruf sehr einfach und weittragend sein. Ein zu komplexes Lied würde untergehen und wäre zu verwirrend. In Afrika habe ich verschiedene Kuckucksarten gehört, die allesamt eines gemein haben: einen lauten, ausgeprägten, einfachen und einprägsamen Ruf – jeweils aus dem gleichen Grund. In Afrika ist der Ruf des Kuckucks Vorbote von Regen, während unser Kuckuck herannahendes warmes Wetter ankündigt. Aber im Grunde kommt beides auf das Gleiche hinaus: Wasser plus Sonne bedeutet Leben. Einziger Unterschied: Wir warten immer auf Sonnenschein, die Menschen in Afrika auf Regen.

Mit dem weit hallenden Ruf fordern Kuckucksmännchen Weibchen auf, zu ihnen zu kommen. Manchmal wird ihr Ruf daher als Paarungsruf bezeichnet.

Kuckucke – unsere Kuckucke – können auch einen lauten, blubbernden Schrei erzeugen, der sehr eigenartig ist und auch bei erfahrenen Vogellauschern für einen kurzen Moment Verwunderung hervorruft: Was, zum Teufel, war denn das?

Die simple doppelte Note – hin und wieder zu einer Dreifachnote verlängert, wenn der Kuckuck sehr aufgeregt ist – ist ein Bestandteil unserer Tradition. Der Kuckuck ist ein Vogel, der im Mittelpunkt des öffentlichen Interesses steht. Der Kuckuck gibt uns den Vogelgesang für jedermann. Es ist der Vogel einer Jahreszeit – der besten.

DER LETZTE KUCKUCK?

Wann haben Sie zum letzten Mal einen Kuckuck gehört? Es gab Jahre, da habe ich ihn nicht ein einziges Mal zu Gehör bekommen – etwas, was vor einigen Jahren noch undenkbar gewesen wäre, außer für eingefleischte Städter. Kuckucke waren überall, zumindest ihr Ruf: am Stadtrand, auf dem Land, im Prinzip überall dort, wo es offene Kulturlandschaften gibt.

In den letzten 30 Jahren ist die Kuckuckspopulation drastisch zurückgegangen. Und noch trauriger ist, dass auch andere Langstreckenzieher seltener werden. Es sieht so aus, als würde eine Lebensart, die Millionen von Jahren funktioniert hat, auf einmal in Gefahr sein.

Fitisse etwa machen sich zunehmend rarer. Man trifft sie heute in Gegenden an, die nicht zu ihren angestammten Lebensräumen zählen. Sie waren einmal überall. Rauch- oder Hausschwalben sind noch seltener: Einst gab es im Frühling Dutzende Nester an meinem Haus, heute gar keins mehr. Unter anderem werden die Routen der Langstreckenzieher von Jahr zu Jahr gefährlicher und strapaziöser.

Schwer zu sagen, was man dagegen unternehmen könnte. Die Reise der Zieher führt meist größtenteils über Land. Wie sollte man jeden Zentimeter einer solchen Strecke absichern? Und mit jedem Meter, den die Sahara breiter wird, wird die Reise beschwerlicher. Und dieser Prozess ist in vollem Gang, aus verschiedenen, komplex miteinander zusammenhängenden Gründen. Vögel brauchen unterwegs Rastplätze, um sich zu erholen. Ideal sind Schutzgebiete, von denen aber viele bedroht sind, was die Reise – die ohnehin kaum möglich erscheint – noch beschwerlicher macht. Auch die Winterquartiere sind in einem stetigen Wandel, nicht zuletzt wegen der wachsenden Bevölkerungszahlen allerorts. Zahlreiche Brutplätze sind ebenfalls beeinträchtigt oder sogar zerstört, ein Vorgang, der sich nicht aufhalten lässt. Alle Vögel und die ganze Tierwelt haben damit zu kämpfen, wobei die Langstreckenzieher das schwerste Los gezogen haben.

Es ist jedoch nicht meine Intention, in diesem Buch ein Untergangsszenario zu zeichnen. Ganz im Gegenteil, denn ich möchte die Vögel und ihre Musik feiern – und alles, was sie für uns Menschen, die ihnen glücklich lauschen und ihre Konzerte genießen, bedeuten. Dennoch muss ich an dieser Stelle festhalten, dass die Zukunft große Probleme für Zieher bereithalten wird, die lebensbedrohlich sein können.

Wir sind drauf und dran, die Lebensgrundlage unserer Vögel, die uns so große Freude bereiten, zu zerstören.

DIE SCHWALBEN

Noch im 19. Jahrhundert war nicht allgemein bekannt, dass Vögel Weltreisende sind, das Phänomen des Vogelzugs war noch weitgehend unerforscht. So gehörte es auch zu den großen Mysterien, dass die Schwalben wie aus dem Nichts im Frühling erschienen und mit dem nahenden Winter genauso plötzlich wieder verschwanden. Und niemand wusste, was in der Zwischenzeit mit ihnen passierte. Eine beliebte Theorie besagte, dass sie im Winter Winterschlaf hielten – auf dem Boden von Weihern und Tümpeln. Wie so oft, erwies sich die Wahrheit als noch seltsamer als das, was sich der Mensch ausgedacht hatte.

Schwalben sind typische Zugvögel, und jeder denkt bei diesem Stichwort an sie. Der Grund liegt auf der Hand: Sie sind so auffallend. Wir entdecken sie sofort, nicht etwa wegen ihres – nicht vorhandenen – bunten Gefieders, sondern weil sie ständig umherfliegen und sich als große Flugkünstler erweisen. Zudem ist ihre Flugsilhouette sehr markant: stark nach hinten gebogene Flügel und lange Schwanzfedern. Sie sehen ein wenig aus wie ein Düsenjet – was übrigens kein Zufall ist, denn sie müssen schnell und wendig sein, um während des Flugs abrupt die Richtung ändern und Insekten aufschnappen zu können.

Nach ihrem Eintreffen übernehmen sie einen Ort unverzüglich – allerdings auf angenehme Art. Plötzlich sind sie allgegenwärtig. Sie finden sich auch gut in vielen von Menschenhand erschaffenen, außerstädtischen Räumen zurecht. Sie lieben die offenen Flächen, am besten mit weidendem Vieh, Golfplätze, Wasserläufe. Schwalben sind Stimmungsaufheller: Sie sind lebhaft, unzähmbar und beeindrucken uns mit ihrer Wendigkeit.

Sie erfreuen auch das Ohr mit ihrer Schwatzhaftigkeit. Die erste Schwalbe des Sommers ist immer ein Highlight. Wenn Sie darauf achten, werden Sie feststellen, dass dieser Moment immer früher kommt – wenn die Stimmen der Schwalben die Luft erfüllen. Sie singen gern im Flug während der Insektenjagd: ein lebhaftes Gezwitscher, ein fröhliches und aufgeregtes Durcheinander von Tönen, das im Sitzen deutlich länger und strukturierter ist als im Flug.

Schwalben haben sich dem Menschen perfekt angepasst und bauen ihre Nester mit Vorliebe in offenen Wirtschafts- und Nebengebäuden wie Carports, Garagen (dann sollten Sie das Tor nicht mehr schließen), Scheunen und Ställen. Entsprechend werden Rauch- bzw. Hausschwalben im Amerikanischen *barn swallow*, also „Scheunenschwalben", genannt. Auch in meinem Schuppen haben sie genistet. Sie füttern ihren Nachwuchs völlig unbeirrt, wenn ich beim Ausmisten bin, lassen aber beim Hineinfliegen schon einen kurzen, fröhlichen, zweisilbigen Warnton hören. Im Laufe des Sommers verlassen die jungen Schwalben ihre Nester und setzen sich, wie eine Schulklasse, fein säuberlich aufgereiht auf einen Balken und hinterlassen einen fast geraden weißen Kotstrich auf dem darunterliegenden Betonboden. Sie zwitschern und plappern miteinander, und aufgeregt sperren sie ihren Schnabel weit auf, sobald die Eltern mit Nahrungsnachschub eintreffen. Bald schon können sie fliegen und um die Nebengebäude schwirren, wobei sie erste amateurhafte Versuche unternehmen, um Insekten zu ergattern. Die Eltern nisten noch ein weiteres Mal und zeugen Nachwuchs – ein weiterer Vorteil von langen Sommertagen.

Sobald die Tage wieder kürzer werden, sieht man die Vögel häufig aufgereiht auf Stromleitungen miteinander plappern und sich auf die lange Reise ins Winterquartier vorbereiten. Wie viele Kilometer werden sie zurücklegen? Oftmals nehmen sie nicht die direkteste, kürzeste Strecke, sondern machen unterwegs Abstecher, um sich mit Nahrung zu versorgen. Irgendwann kommt dann der Tag, an dem man merkt, dass man schon seit einiger Zeit keine Schwalben mehr gesehen oder gehört hat. Dann gilt es zu warten, bis sie zurückkehren und man wieder dem schnellen Geplapper am Himmel lauschen kann. Eine Schwalbe macht noch keinen Sommer – aber wie lange kehren sie noch in größerer Zahl zu uns zurück?

CHAUVINISMUS DER WIRBELTIERE

Vogellieder sind nicht nur die Lieder der Vögel, es sind auch die Lieder des Lebens. Das ist keine pathetische Verallgemeinerung, sondern simple Tatsache. Im Frühling erwacht das Leben wieder, und je mehr Leben an einem bestimmten Ort vorhanden ist, umso mehr Vogelstimmen wird man dort hören. Wer hinhört, lauscht dem Leben selbst. Gäbe es nicht auch noch eine Menge andere Lebensformen, würde es auch keine Vogelstimmen geben. Vogelstimmen sind, wenn man so will, die Spitze des Eisbergs des Lebens. Jeder singende Vogel sitzt auf einer Singwarte, die aus einer Menge anderer Lebensformen gefertigt wurde, von denen manche geheimnisvoll sind und die meisten völlig unbeachtet von uns existieren. Die Lieder der Vögel sagen uns, dass es sie alle gibt, dass alles geschieht, dass alles nach wie vor funktioniert.

Die Grundlage des Lebens ist die Sonne, die wichtigste Energiequelle für das ganze irdische Leben – abgesehen natürlich von den fremdartigen Wesen, die in hydrothermalen Tiefseespalten zu Hause sind. Die Sonne befeuert das Wachstum der Vegetation. Das Wiedererwachen des Frühlings äußert sich in frischen Blättern, Blumen, Wachstum – alles Nahrung für zahlreiche Tiere. Wir neigen dazu, bei dem Begriff „Tiere“ nur an Wirbeltiere zu denken. Unser ureigener Wirbeltier-Chauvinismus macht uns blind für den Reichtum des Lebens jenseits unseres Unterstamms, etwa die 3700 Schmetterlingsarten, die in Deutschland existieren, oder die ungeheure Vielfalt an Wildbienen: Allein im Hamburger Raum sind 250 Arten dokumentiert.

der Handschwingen messen, dann die Farbe der Beine bestimmen und am Ende schlussfolgern, dass es sich vermutlich um einen Fitis handelt – wenngleich es möglicherweise auch ein Zilpzalp sein könnte.

Ohne Weiteres gelingt es jedoch, die Sänger anhand ihrer völlig unterschiedlichen Stimmen zu identifizieren, und zwar ohne sie zu sehen. Und das ist das ganze Geheimnis hinter den Sängern. Die Daseinsberechtigung der vielen Arten beruht nicht auf ihrem unterschiedlichen Aussehen, sondern ihrem unterschiedlichen Gesang. Es gibt Arten mit fast gleicher Farbgebung und gleichem Körperbau, aber Verwechslungsgefahr ist dennoch so gut wie ausgeschlossen, wenn man sich an ihre Stimmen hält.

Für den Vogellauscher sind die Sänger die ultimative Herausforderung. In unseren Breiten existieren um die 350 verschiedene Sängerarten. Sie sind allesamt ziemlich klein; die meisten ernähren sich überwiegend von Insekten und Spinnen, entsprechend zeichnen sie sich durch schlanke Insektenfresserschnäbel aus, sind aber insgesamt, wie gesagt, relativ unscheinbar.

Zuhören und Lauschen ist die einzige praktikable Möglichkeit, sie auseinanderzuhalten. Die meisten Sänger bekommt man ohnehin nur schwer zu Gesicht. Sie singen im Schutz des Laubes, auch ihr übriges Leben ist in der Regel unseren Blicken entzogen. Versuchen Sie erst gar nicht, sie zu Gesicht zu bekommen. Ich tue das auch nicht, sondern lausche ihren Stimmen, und darum geht es. Nicht der Sänger ist bunt, sondern sein Lied.

In diesem Buch geht es uns um die Sänger Mitteleuropas (mit den Arten der Neuen Welt halten wir uns in diesem Buch nicht auf, denn sie bilden eine völlig verschiedene Gruppe). Unter ihnen sind zwei Standvögel (also Vögel, die im Winter nicht nach Süden ausweichen), nämlich die Provencegrasmücke[9] und der Seidensänger, ein Vogel, der in Feuchtgebieten zu Hause ist. Alle anderen Sänger sind Zieher: Manche haben ihre Winterquartiere in Südeuropa oder Nordafrika, andere sogar südlich der Sahara. (Wie wir bereits gesehen haben, überwintern einige Vertreter der Kurzstreckenzieher wie der Zilpzalp oder die Mönchsgrasmücke auch hierzulande.) Etwa ein Dutzend Sänger sind für den hiesigen Vogelbeobachter interessant, mit den wichtigsten werden wir uns folgend beschäftigen. Betrachten Sie dieses Buch also wie einen Basissprachführer, der Ihnen zwar ermöglicht, den Weg zum Bahnhof zu erfragen oder einen Drink zu bestellen, jedoch nicht ausreichend Kenntnisse vermittelt, um gehobene Literatur lesen zu können. Wobei gehobene Literatur das Ziel ist.

Der Erwerb des Basiswortschatzes dieser Vögel ist bereits eine wunderbare Aufgabe. Erst mit dem plötzlichen Erkennen der unsichtbaren Welt wird einem klar, wie viel Leben um einen herum existiert und wie vielfältig es ist.

Sänger und Grasmücken sind tatsächlich der Schlüssel zu allem: zum Vogellied und, wenn man so will, auch zum Leben. Sänger, die in den gemäßigten Breiten der Erde brüten, singen in der Regel mehr, vor allem dann, wenn die Populationsdichte hoch ist. Denn dies regt das Singen an: Revierprobleme häufen sich und äußern sich in verstärktem Gesang. Ich kann mich an ein Jahr erinnern, in dem es deutlich mehr Schilfrohrsänger als sonst gab. Ich hatte den Schilfrohrsänger gar nicht als Sänger oder Grasmücke eingestuft,

---

9 Ein Vogel, der ursprünglich aus Südfrankreich stammt; sein Vordringen in unsere Gefilde, sporadisch auch nach Deutschland, zeigt sehr gut die veränderten klimatischen Verhältnisse. Für unser Vorhaben ist die Provencegrasmücke etwas zu speziell und zu anspruchsvoll.

aber als ich Minsmere, ein Vogelschutzgebiet in Suffolk nordöstlich von London, besuchte, kam es mir so vor, als würden dort nur Schilfrohrsänger singen, schöner und viel abwechslungsreicher, als ich es jemals gehört hatte. Ich war schwer beeindruckt – wenngleich ihr Gesang, mit dem sie beeindrucken wollen, nicht mir galt, sondern ihren Artgenossen. Nur die besten Sänger würden in diesem Jahr Nachwuchs zeugen, und diese simple Tatsache war es, die ihnen alles abverlangte. So funktioniert das bei Sängern. Sie leben, indem sie ihre Stimmen erheben. Ihr Anblick ist nur zweitrangig. Darum: Öffnen Sie Ihre Ohren!

MÖNCHSGRASMÜCKE

DIE MÖNCHSGRASMÜCKE

Zahlreiche Sänger und Grasmücken singen nicht einmal. Wir sind dem Zilpzalp bereits begegnet, der zwar ein Sänger ist, wenngleich sein Name nicht den Zusatz „Sänger“ enthält (wohl aber sein Zweitname, denn der Zilpzalp heißt auch Weidenlaubsänger). Zilpzalps sehen ihrem engen Verwandten, dem Fitis, sehr ähnlich – singen aber nicht wirklich, nicht im Sinne einer abwechslungsreichen, melodisch ansprechenden Abfolge von Tönen. Die Mönchsgrasmücke ist dagegen ein echter Sänger. Auch sie führt den Titel zwar nicht in ihrem Namen (sie ist eben eine Grasmücke), aber wenn es darum geht, wer die schönsten Töne zwitschert, dann ist sie nicht zu toppen. Ich fürchte, das war jetzt ziemlich verwirrend. (Wer sich nun gar nicht mehr auskennt, sollte sich an den Begriff „Biodiversität“ klammern. Sänger und Grasmücken gibt es wie Sand am Meer. Wer anfängt, einige von ihnen zu erkennen, beginnt das Mysterium Biodiversität – biologische Vielfalt – zu verstehen.)

Für viele Menschen ist die Mönchsgrasmücke der beste Sänger überhaupt; manche finden sogar, dass sie der Nachtigall den Rang abläuft. John Clare verfasste ein Gedicht über die Mönchsgrasmücke und nannte es „The March Nightingale“ (Die März-Nachtigall). Sie ist ein Vogel, der früher zurückkehrt und früher singt als die Nachtigall, die mit ihrem Gesang erst Ende April einsetzt. Manchmal werden Mönchsgrasmücken auch „Nachtigallen des Nordens“ genannt, da sie hierzulande deutlich weiter verbreitet sind als die Nachtigall. Man hört sie, in Zeiten des Klimawandels, sogar auf dem Orkney-Archipel, der nördlich vor der schottischen Küste vorgelagerten Inselgruppe.

Zu seinen Hochzeiten ist das Lied herrlich beschwingt, flötengleich bis glockenhell und insgesamt sehr reichhaltig. Es scheint, als würde der Vogel sich an jedem Ton erfreuen. Auch wenn es ein ziemlich schnelles Lied ist, scheint es dem Vogel wichtig zu sein, jeden Ton absolut richtig zu treffen. Das Lied der Mönchsgrasmücke ist das klangvollste aller Gartensänger – dasjenige der Amsel einmal ausgenommen, das aber wesentlich langsamer und entspannter ist, auch weniger reichhaltig und intensiv bezüglich der Töne.

Das Lied der Mönchsgrasmücke besteht aus Versen. Es beginnt in der Regel mit einigen harschen und krächzenden Tönen, die anschließend mühelos in das Herzstück des Liedes übergehen, jene reichen Flöten- oder Glockentöne. Jeder Vers endet dann mit einer Art Schnörkel.

Mönchsgrasmücken überwintern meistens im Mittelmeergebiet, aber immer mehr Individuen ziehen inzwischen nicht mehr weg, sondern bleiben im Winter hier. Die Mönchsgrasmücken, die am Mittelmeer überwintern, zählen zu den Kurzstreckenziehern, das heißt, sie treffen bereits im frühen Frühjahr wieder bei uns ein, allerdings nicht so früh wie zum Beispiel die Zilpzalpe. Lauschen kann man dem Lied der Mönchsgrasmücken schon ab Anfang April. Wenn Sie einen Vogel hören, dessen Lied Ihnen nicht bekannt vorkommt, das aber strahlend schön klingt, dann denken Sie an die Mönchsgrasmücke und schauen, ob es passt.

Der Kontaktruf unterscheidet sich gut von dem Warnruf, der meistens so klingt, als würde man zwei Steine gegeneinander klopfen. Mönchsgrasmücken leben dort, wo ein Mindestmaß an Vegetation ist. Sie sind nicht so wählerisch wie manch andere Sänger und brauchen kein geschlossenes Baumkronendach oder den sicheren Schutz von Bäumen und Sträuchern. Sie sind so anpassungsfähig wie melodisch – vermutlich die Grundlage ihrer Erfolgsgeschichte. Auf meinem Grundstück brüten in der Regel jedes Jahr zwei Mönchsgrasmücken, und beide haben jeweils einen eigenen Lieblingsbaum – Weißdorn – als wichtigste Singwarte. Und jedes Jahr beschwingt mich ihr Lied aufs Neue.

FITIS
2015

DAS ENDE EINES PHANTOMS

Bis ins 18. Jahrhundert gab es in der englischen Sprache einen Vogel namens *willow wren* – bis Gilbert White, einer der größten Ornithologen, einer der größten Naturforscher, ja einer der größten Wissenschaftler aller Zeiten, entdeckte, dass sich hinter dem Namen *willow wren* in Wahrheit drei verschiedene Vogelarten versteckten. Er kam zu dem Schluss, dass der Name *willow wren* für Zilpzalp, Fitis und Waldlaubsänger steht, weil er den für damalige Verhältnisse revolutionären Weg ging, Vögel zu beobachten, statt sie zu erschießen und anschließend zu bestimmen. Seine Entdeckung machte er anhand von erstklassiger Feldarbeit – ohne moderne Hilfsmittel wie Ferngläser, Aufnahmegeräte, Podcasts, Bestimmungsbücher, Vogel-Apps auf dem iPhone und freundliche lokale Sachverständige. Noch wichtiger war jedoch, dass er lauschte. Vielleicht war er sogar der größte Vogellauscher aller Zeiten. Durch Zuhören kam er auf den Gedanken, dass drei verschiedene Vögel sich einen Namen teilten. Drei verschiedene Laute, drei verschiedene Lieder – das konnte nur eines bedeuten: drei verschiedene Vögel. Unser Naturverständnis ändert sich langsam, fast unmerklich, aber stetig.

White war Pfarrer in der Kirchengemeinde von Selborne in den South Downes im englischen Hampshire. Seine Studien beschränkten sich auf ein kleines Gebiet, das Umland seiner Gemeinde, und dennoch veränderte er unser Bild der Natur. Seine Briefwechsel mit Thomas Pennant, einem britischen Zoologen, und Daines Barrington, einem Mitglied der Königlichen Gesellschaft, erschienen 1789 unter dem Titel „The Natural History and Antiquities of Selborne". Seine Erkenntnisse waren revolutionärer als alles, was in dem Jahr der Veröffentlichung sonst passierte.

White studierte Selborne als Ganzes, als ein lebendiges, im stetigen Wandel befindliches Gebilde – wir würden heute „Ökosystem“ sagen – und wurde damit zum Begründer der Ökologie. Er studierte auch das Verhalten der Tiere, die er beobachtete, und begründete somit die Verhaltensbiologie. Er war von den Auswirkungen der wechselnden Jahreszeiten fasziniert und zeichnete über einen Zeitraum von 25 Jahren das Erscheinen und Verschwinden von 400 Pflanzen- und Tierarten auf und erfand damit die Phänologie. Schließlich war er der erste Gelehrte, der die Zwergmaus und den Abendsegler (eine Fledermausart) beschrieb. Kurzum: Er war in seiner unaufdringlichen, sehr bescheidenen Art nicht weniger als ein Genie.

Man kann auch sagen, White war ein Genie des Alltäglichen, ein Meister des Gewöhnlichen, der aufgrund seiner außergewöhnlichen Wahrnehmungsfähigkeit sah, was sich tagtäglich auf dem Land abspielte, welche Zusammenhänge bestanden und welcher allgemeine Sinn sich dahinter verbarg. Jede Zeile, die er verfasste, steckt voller Liebe und Achtung. Er liebte die Natur, und er glaubte auf eine erstaunlich moderne Art, dass sie einen Wert an sich hat, eine Existenzberechtigung aus sich heraus besitzt. Und wenn es darum ging, die Natur als einen Ort anzusehen, in dem man gerne verweilt, der Trost spendet, der Abenteuer und Spannung verspricht, war er ebenfalls ein Wegbereiter. Er war ein Naturwissenschaftler, aber auch ein Liebhaber. Er erfand die Ornithologie noch einmal neu, indem er Vögel aus reinem Vergnügen beobachtete. Vielleicht war White der Erste, der durch Feld und Flur wanderte, dabei alles festhielt, was er sah und hörte, und der dies als natürlichste und vernünftigste Form des Erkenntnisgewinns ansah.

Seine größte Gabe war seine Neugier. Er wunderte sich über vieles und musste die Lösung finden, konnte einer Frage jahrelang nachgehen. Sein Leben lang dachte er über Schwalben nach. Sie verschwanden im Winter, aber wohin? Hielten sie Winterschlaf, vergruben sich wie Frösche im Boden von Tümpeln und Teichen? Zwar war es ihm in seiner Zeit nicht vergönnt, die Lösung des Rätsels zu finden, aber die Tatsache, dass er die Frage stellte und sich nie zufriedengab, nie lockerließ, macht ihn zum Vorbild für uns alle, ob Naturwissenschaftler oder nicht.

Ich hoffe, Sie fangen an, das Sänger-Rätsel zu entschlüsseln, und vielleicht können Sie bereits die Mönchsgrasmücke erkennen, während Sie vor einiger Zeit nur ein fröhliches Gezwitscher wahrgenommen haben. Und mittlerweile sind Sie sich auch bewusst, dass Zilpzalps, Fitisse und Waldlaubsänger nicht ein und derselbe Vogel sind. Verneigen wir uns doch ab und an vor Gilbert White, dem Kaplan, der unseren Blick auf die Welt um uns herum veränderte.

Jetzt wollen wir aber genauer erläutern, warum die Mönchsgrasmücke weder ein Zilpzalp noch ein Waldlaubsänger und schon gar kein Fitis ist.

DER FITIS

Als es mir erstmals gelang, den Fitis aus dem Chor der Sänger herauszuhören, ihn zu bestimmen, wusste ich, dass ich ein echter Vogellauscher geworden war und bleiben würde. Eine Erkenntnis, die ein tiefes und nachhaltiges Glücksgefühl auslöste. Vielleicht sollte ich den Fitis nicht zu sehr in den Himmel heben, denn sein Lied zählt definitiv nicht zu den spektakulärsten Vogelliedern. Andererseits finde ich, in gewisser Hinsicht tut es das vielleicht doch. Denn es hat eine besondere Bedeutung für mich. Es ist eben *mein* Lied, wenn man so will.

Vor ein paar Jahren kaufte ich mir ein Kanu. Nicht so eines, mit dem man die Eskimorolle machen kann, sondern einen Kanadier, der über einen speziellen Bierdosenhalter und ein Fach für die Sandwiches verfügt. Er liegt am Ufer des Waveney-Flusses, der Grenze zwischen Suffolk und Norfolk, und von dort aus paddele ich gerne ein Stück stromaufwärts und wieder zurück. Es ist ein kaum bebauter Flussabschnitt, wenig frequentiert, mit stark überwucherten Uferbereichen. Im April und Anfang Mai wimmelt es hier nur so von Fitissen. Ich liebe diese Kanufahrten. Es gibt hier noch fünf, sechs andere Sänger, die sich – weil ich mich so leise fortbewege – während der Fahrt hören lassen, aber die Fitisse geben den Ton an.

Als ich ein Buch über mein Jahr in Minsmere, dem Naturschutzgebiet in Suffolk, verfasste, hatte sich das Lied des Fitis fest in meinem Kopf verankert. Ich war damals zusammen mit Rob Macklin, dem damaligen Aufseher und heutigen Leiter des östlichen Bereichs des Naturschutzgebiets unterwegs, um den Vogelbestand festzuhalten. Während wir so dahinliefen, hörten wir immer wieder Fitisse, und jedes Mal vermerkte Rob den Ort in einer Karte. Es waren so viele, und am Ende des Tages wusste ich, dass ich nie wieder einen Fitis überhören oder gar verwechseln würde.

Und so trifft mich der Gesang jedes Jahr wieder wie eine Fanfare, die den Frühlingsanfang ankündigt. Und das, obwohl es sich um das zarteste und lieblichste Lied aller Lieder handelt: ein süßliches Lispeln mit abnehmender Tonhöhe, fast ein Arpeggio. Jeder Vers dauert etwa drei Sekunden, jeder erreicht schnell einen Höhepunkt und klingt anschließend wieder aus. Es ist ein freundliches, kleines Musikstück, wenn auch für den Fitis eine Frage von Leben und Tod. Es enthält überdies einige subtile Variationen – bleiben Sie also stehen und hören Sie zu. Oder lassen Sie sich ganz langsam treiben.

Fitisse singen ihre Verse, machen eine kleine Pause und singen dann erneut, immer von der gleichen Warte aus: freundlich beharrend, eindringlich darauf hinweisend, dass dieses Stückchen Land nur und allein ihnen gehört. In manchen Gegenden ist der Fitisbestand seit einigen Jahren rückläufig, sodass es durchaus möglich ist, dass man ihm nicht so schnell begegnen wird. Er ist etwas Außergewöhnliches geworden, ein besonderer Vogel. Deshalb fühlt es sich so gut an, wenn man sich im Haupthabitat eines solchen Vogels aufhält, an dem Ort, wo sich der Vogel am wohlsten fühlt, wie beispielsweise Flussauen in Ländern wie England oder, und das ist doch etwas überraschend, im Norden Schottlands. Für Langstreckenzieher wird das Leben immer schwerer, aber irgendwie scheint es so, als würden Fitisse, die bereit sind, noch ein Stück weiter nordwärts zu fliegen, für ihre zusätzlichen Bemühungen extra belohnt werden.

Fitisse sind ausgeprägte Reviervögel, ungeachtet dessen, wo sie sich gerade aufhalten. Sie singen oft noch einmal später im Jahr, wenn sie ein zweites Mal brüten. Und sie singen auch in ihren

Winterquartieren in Afrika. Es ist erstaunlich, wie zäh und ausdauernd diese kleinen Vögel mit ihrer so lieblichen Stimme sind. Wenn Sie Ihren ersten Fitis des Frühlings hören, dann wissen Sie, dass es kein Zurück mehr gibt – dann haben Sie Kapitel drei von „Ulysses" ausgelesen. Sie sind ein Vogellauscher geworden. Sie haben sich den Vögeln verschrieben. Und haben Sie dieses Stadium einmal erreicht, wird Sie das Thema Vögel mit ziemlicher Wahrscheinlichkeit den Rest Ihres Lebens begleiten. Wer den Fitis erkennt, ist nicht mehr zu retten.

HÖREN UND SICH DARAUF EINLASSEN

Inzwischen können Sie hoffentlich schon eine ganze Reihe von Vögeln an ihrer Stimme erkennen. Oder anders gesagt: Sie hören ihre Stimmen und können ihnen Namen zuordnen. Das ist schon toll – aber erst der Anfang. Nicht nur, weil noch viele andere Vogelstimmen und -lieder auf Sie warten, sondern auch weil das Hören der Vogellieder mehr beinhaltet als nur die Bestimmung. Würde man nur lernen, dass „Tsida" Kohlmeise und Lispeln mit absteigender Tonhöhe Fitis bedeutet, dann wäre das Ganze ein mechanischer Rückschluss.

Wenn Sie das Radio einschalten und ein Musikstück ertönt, das unverkennbar von Bach ist – dann schalten Sie doch das Radio nicht gleich wieder aus, bloß weil die Sache damit erledigt ist. Die Bestimmung ist nur der Anfang. Zurück zum Fitis. Haben Sie sich das Lied einmal eingeprägt, ist es unverkennbar. Mit dem Hören und Erkennen sind die Möglichkeiten aber noch keineswegs erschöpft. Für viele ist Vogelbeobachtung nicht mehr als: wahrnehmen, bestimmen, der Nächste, bitte! Wie das Wort impliziert, bedeutet Vogelbeobachtung jedoch Vögel zu *beobachten,* nicht zuletzt um dadurch die Welt (ein bisschen besser) zu verstehen. Vögel zu belauschen trägt ebenfalls dazu bei. Sie identifizieren den Vogel mit Ihren Ohren, aber das muss noch nicht alles sein. Sie können ja weiter zuhören.

Beispielsweise um Variationen herauszuhören, die erkennen lassen, dass der betreffende Vogel als Individuum singt und nicht nur als Vertreter seiner Art. Auch wenn Sie das Ganze nicht genauer analysieren wollen, können Sie sich dem fast nicht entziehen, wenn Sie sich darauf einlassen.

Auch die Dichte der Population wechselt. Das hängt nicht nur mit der Jahreszeit zusammen, sondern auch mit dem Lebensraum, den aktuellen Bedingungen und der Anzahl der anderen Sänger. Jede Klanglandschaft spiegelt die Art des Lebensraums, die Jahreszeit und auch die Tageszeit wider. Deshalb ist Vogelbeobachtung im Grunde nichts weniger, als ein Gespür für Zeit, Raum und die Natur zu bekommen. Setzt man einen halbwegs erfahrenen Vogellauscher mit verbundenen Augen irgendwo und irgendwann in der Landschaft aus, dann weiß dieser in etwa, wo und in welcher Jahreszeit er sich befindet. Ein Genie könnte das überall auf der Welt sagen, ich könnte das im Luangwa-Tal in Sambia.

Wer den Vögeln lauscht, versteht die Welt und die Art und Weise, wie sie funktioniert, besser. Vögel werden mit bestimmten Örtlichkeiten assoziiert – Enten begegnet man nicht in der Wüste, Fitissen nicht am Potsdamer Platz –, aber auch mit Zeit. Es wäre sehr erstaunlich, im Januar eine Schwalbe zu sehen oder an Weihnachten eine Feldlerche singen zu hören. Vögel zu belauschen bedeutet, den Rhythmus des Planeten Erde nachzuvollziehen: nicht rein sachlich gesehen, sondern eher mit der tiefen, intuitiven Gewissheit, die unseren Vorfahren sicherlich noch mehr eigen war.

Während man Vögeln lauscht, steigert man auch das Bewusstsein für die Vielzahl der existierenden Arten. Je mehr man lauscht, desto mehr Vögel, desto mehr Vogelarten sind plötzlich um einen herum. Es wird einem bewusst, dass man lediglich ein Teil eines Panoramas ist, einer Landschaft, in der sich viel mehr Lebewesen aufhalten, als man bislang gedacht hat. Vielleicht gelingt es Ihnen schon, während eines Waldspaziergangs im Frühling ein Dutzend verschiedene Vögel zu unterscheiden. Und spätestens dann ist Ihnen bewusst, dass die Welt keineswegs eine Monokultur ist. Allerdings auch keine „Bi-Kultur“: ein weiterer Irrtum der Menschheit. Die Welt ist nicht zweigeteilt, einerseits die Menschen, andererseits alle anderen Lebewesen. Wir Menschen gehören zusammen mit Millionen weiteren Lebewesen dem gleichen System an. Wer Vögeln lauscht, wird stets daran erinnert, dass die Welt keine Bi-Kultur ist.

Ich hoffe, dass Sie den ersten Frühling als Vogellauscher nun erfolgreich überstanden haben. Sie kennen jetzt einige Vogelarten und wissen, dass es viele sehr interessante Dinge gibt, von denen Sie zuvor nicht geahnt haben, dass es sie gibt. Noch Erstaunlicheres werden Sie in Ihrem zweiten Frühling erleben. Doch Vögel erzeugen das ganze Jahr hindurch Laute, und da es bis zum nächsten Frühling noch etwas dauert, nutzen wir die Zeit, um diese Laute näher zu betrachten.

DIE MÖWEN

Das Problem mit Ihrer neuen Fähigkeit, Vogelstimmen zu erkennen, ist, dass Sie nicht mehr damit aufhören können. Und das kann frustrierend sein. Denn die Vögel, denen wir im ersten Teil des Buches begegnet sind, leben allesamt in Gärten, Parks, Siedlungen, Städten und ländlichen Gebieten. Suchen Sie aber andere Orte auf, werden Sie feststellen, dass es dort weitere Vögel gibt, die ganz anders klingen. Sie hören sie unweigerlich und werden überlegen, welche Vögel das sein können.

Das ist dann fast so, als würden Sie wieder ganz von vorne anfangen. Doch halten Sie sich vor Augen, dass das Ganze auch großen Spaß macht. Wenn ich auf der Farm eines Freundes in Australien bin oder eine Reise nach Nord- oder Südamerika mache, habe ich genauso zu kämpfen. Sobald ich aber einige Vogelstimmen verinnerlicht habe, weicht das Chaos rasch einem gewissen Muster. Andernorts auf der Welt nutze ich öfter auch meine Augen, was die Bestimmung normalerweise erheblich erleichtert. Und dann stößt man plötzlich verdutzt auf einen Vogel, den man vergessen hatte, an den man sich kaum mehr erinnert oder dem man noch nie begegnet ist.

Heute fahren wir zur Küste – der Frühling ist vorbei, der Sommerurlaub steht an. Sobald Sie am Meer sind, hören Sie Möwen, von denen es in Großbritannien ein halbes Dutzend und in Deutschland neun verschiedene Arten gibt. Wird es Ihnen gelingen, die Rufe und Schreie zu unterscheiden und ihre Bedeutung zu erkennen?

Möwen singen nicht. Sie haben keine Reviere wie die meisten Singvögel, sind aber ein geschwätziges Völkchen und nutzen ihre Stimme für andere Zwecke. Einige Rufe, die in der Balzzeit zu hören sind, sind besonders einprägsam. Sie sind eine Demonstration der Stärke, zeigen das Aggressionspotenzial, ohne dass es zum Kampf kommt. Die Vögel können sich fast immer sehen – was bei Singvögeln, wenn sie singen, nicht unbedingt der Fall ist – und deshalb dient die Stimme dazu, dem einschüchternden Flug oder der abschreckenden Körperhaltung mehr Gewicht zu verleihen. Bei Sängern sind Laute das wichtigste Kommunikationsmittel, bei Möwen in der Balz ist das nur zweitrangig. Ihre Rufe sind nur selten komplex, dazu gibt es auch keine Notwendigkeit. Eindrucksvoll sind sie jedoch schon, und das ist genau der Punkt: Der Vogel will letzten Endes einfach nur imponieren.

Die Silbermöwe

Der typische Möwenruf – der, an den wir denken, sobald wir das Wort „Möwe" hören – ist der Balzruf der Silbermöwe: eine Abfolge wiederholter Schreie, die einem sofort, in jedem Film, in jeder Fernsehserie verrät, dass man sich an der Küste befindet. Möwen haben zwar ein unterschiedliches Repertoire, aber letztlich ähneln sich die Rufe sehr. Hat man sich den Balzruf der Silbermöwe eingeprägt, wird man auch ihre anderen Rufe gut erkennen: einsilbiges Kreischen und ein gemurmelter, in der Regel dreisilbiger Kommentar.

Hört man den Ruf der Heringsmöwen und der Mantelmöwen, denen man ebenfalls regelmäßig begegnet, ist man schon etwas mehr gefordert. Der Ruf der Heringsmöwe klingt nur ein kleines bisschen anders als der der Silbermöwe: nasaler, greller, wie manche meinen. Der Ruf der Mantelmöwe ist mürrischer und tiefer, wie es sich gebührt für einen deutlich größeren Vogel. Es gibt eine gute Übung, um diese Rufe unterscheiden zu lernen: Setzen Sie sich auf die Terrasse eines Strandcafés oder an einen anderen angenehmen

Platz an der Strandpromenade und beobachten Sie die Möwen, wenn sie rufen. Der große Vorteil ist, dass sie dies sogar aus nächster Nähe tun können. Nehmen Sie sich Zeit für einen Drink und versuchen Sie den Ruf der Silbermöwe von dem der Heringsmöwe zu unterscheiden.

Die Lachmöwe

Obwohl die Lachmöwe die häufigste Möwe Westeuropas ist, wird sie dennoch weniger mit Meer und Hafen assoziiert als andere Möwen. Das liegt auch daran, dass diese Möwe sich weiter als andere Arten von der Küste entfernt. Man findet sie im Landesinneren zum Beispiel gerne auf offenen Mülldeponien – ein strahlend weißer Trupp am Himmel, als wäre eine Müllkippe das Schlaraffenland. Sie erfüllen die Luft mit schrillem Geschrei, dessen Tonfolge am Ende absteigend ist – ein Geräusch, als führe jemand mit den Fingernägeln über eine Schultafel. Dies als Ruf zu bezeichnen, ist gewagt, aber ein Schwarm zeternder, schreiender Lachmöwen ist auf jeden Fall beeindruckend. Es ist, als habe die Natur ihre schreienden Luftstreitkräfte, ihre weiß geflügelten Freiheitskämpfer entsandt und wollte zu einem Schlag gegen ihre Unterdrücker ausholen. Die Intensität dieses Grundschreis, der bei allen möglichen Gelegenheiten eingesetzt wird, ist variabel. Bei Gefahr wird er zigfach wiederholt.

Die Dreizehenmöwe

Dieser Möwe begegnet man im späten Frühling und frühen Sommer in naturbelassenen, felsigen Teilen des Landes wie etwa Helgoland. Die Stimme der Dreizehenmöwe ist deutlich wilder, weniger klar definiert als die der anderen Möwen. Diese Möwe kommt ausschließlich an der Küste vor und würde ihren Schnabel allein schon bei dem Gedanken an Mülldeponien verziehen. Dreizehenmöwen leben am liebsten auf dem offenen Meer – es sind Seevögel –, kommen aber an Land, um ohne großes Getöse auf Klippen zu brüten. Der wichtigste Ruf ist ein wilder, jammernder zwei- bis dreisilbiger Schrei, die Betonung liegt auf der letzten Silbe. Der Vogellauscher denkt bei diesem wehmütigen Schrei unwillkürlich an die offene See, wo weit und breit kein Land mehr zu sehen ist – ein alarmierender Gedanke für die meisten Menschen, aber die Heimat der Dreizehenmöwe.

DER MAUERSEGLER

Es ist ein mittlerweile lieb gewonnenes Ritual: Jedes Jahr im Frühsommer spaziere ich mit meinem Sohn zu einem Pub in Suffolk, wo wir es uns auf einer Bank draußen bequem machen. Wir sitzen da (wo ich noch nie jemand anderen habe sitzen sehen), blicken die kurze Landstraße mit ihrer Häuserzeile auf der einen Seite hinunter, genießen unsere Drinks, hängen unseren Gedanken nach.

Und dann kommen sie. Erfüllen mit ihren Schreien den Luftraum über den Dächern, zeigen uns ihre waghalsigen Flugmanöver. Es sind 20, 30 Mauersegler, sie fliegen in einem Affentempo und schreien, so laut sie können, bieten ein regelrechtes Schreikonzert. Es ist das Geräusch des Sommers.

Mauersegler sind die städtischen Begleiter des Menschen, sie fühlen sich in den Häuserschluchten viel eher zu Hause als zum Beispiel die Schwalben. Irgendwelche Spalten oder Nischen zum Brüten in Häusern mit einer gewissen Höhe und einen Himmel voller Insekten, mehr brauchen sie nicht. Mauersegler sind geradezu spektakuläre Flieger, kein Vogel ist besser an das Leben in der Luft angepasst als sie. Ihre Silhouette hat etwas von einem Düsenflugzeug. Schwarzgrau und Grauschwarz, das sind ihre Farben. Beeindruckend die Geschwindigkeit, mit der Mauersegler unterwegs sind. Am liebsten jagen sie in Trupps über den Himmel und kreischen in einem fort.

In puncto Wohlklang können Mauersegler Schwalben nicht den Rang ablaufen, geschweige denn den Sängern. Doch wenn es um die Kongruenz von Bild und Ton geht, ist die Verbindung aus Geschwindigkeit und verwegenem Schrei nicht zu toppen. Mauersegler treffen später als fast alle anderen Zieher aus ihren Winterquartieren bei uns ein und ziehen auch als Erste wieder davon, rastlos, wie sie sind, manchmal schon, bevor der Sommer richtig angefangen hat. Oft dauert ihr Aufenthalt nur knapp drei Monate. Nach ihrem Eintreffen bilden sie „Kreischgruppen", um lebenswichtige Fragen zu entscheiden wie: Wer mit wem? Die nicht nistenden erwachsenen Vögel tun sich, glaube ich, aus purer Lebensfreude zu Kreischgruppen zusammen. Sobald sich die kurze Saison dem Ende zuneigt, bilden wieder alle Mauersegler solche Gruppen, um sich auf die lange Reise nach Afrika einzustimmen.

Mauersegler sind rasend schnelle Flieger. Ihre Standard-Segel-Jagdgeschwindigkeit beträgt 43 Kilometer pro Stunde. Dank ihrer Stromlinienform und ihres Flügelprofils erreichen sie locker höhere Geschwindigkeiten. 111,6 Kilometer pro Stunde wurden gemessen, damit sind Mauersegler die schnellsten Vögel auf gerader Strecke. Übrigens gelingt es ihnen, dieses Tempo auch im Steigflug zu halten. Bei Verfolgungsjagden im Pulk kommen sie auf 200 Kilometer pro Stunde. Nur Wanderfalken sind schneller, die bei ihren Sturzflügen auf bis zu 400 Stundenkilometer kommen. Mauersegler erreichen und halten ihre Spitzengeschwindigkeit ohne Unterstützung durch die Schwerkraft.

Ihr Abschiedskreischen ist ein wildes, herrliches Geräusch, man möchte eine Tasche nur mit dem Nötigsten packen und die Mauersegler auf ihrer Reise nach Afrika begleiten.

Ich habe sie auch schon in Afrika gehört. Es war unerträglich heiß an dem Tag am Ende der Trockenzeit im Luangwa-Tal in Sambia – die Menschen sehnten sich nach Regen. Dann auf einmal erschienen Wolken am Himmel – so schnell, als hätte jemand den Zeitraffer eingeschaltet. Im gleichen Moment ertönte ein Kreischen hoch über unseren Köpfen. Als ich durch das Fernglas zum Himmel blickte, konnte ich anhand der unverkennbaren sichelförmigen

Flugsilhouette feststellen, dass es sich um einen Trupp Mauersegler handelte. Sie flogen mit der Wetterfront südwärts. Es wirkte fast so, als hätten sie den lang ersehnten Regen höchstpersönlich herbeigeschleppt, und natürlich kreischten sie dabei aus voller Brust.

Der Ruf der Mauersegler ist nicht zu überhören. Einmal darauf aufmerksam geworden, werden Sie ihn immer wahrnehmen, und er wird Ihnen einen Hauch von Wildnis bringen, sogar mitten in einer Stadt.

NOCH EIN BONUS

Es gibt zwei Wege, Vogelstimmen in der Natur zu genießen. Der eine: einfach nehmen, was und wie es kommt; der andere: bewusst rausgehen und sich auf die Suche begeben. Beide Wege haben ihren Reiz, beide Möglichkeiten finde ich gleich wichtig. Und bringen einen Bonus mit sich. Denn man bekommt immer mehr, als man bestellt hat, sozusagen. Das wird umso deutlicher, wenn Ihre Ohren genauso geschult sind wie Ihre Augen. Spätestens dann lassen sich Vögel sogar im Dunkeln beobachten.

Sie können die Natur während eines Spaziergangs, einer Wanderung oder einer Exkursion erforschen, aber auch im eigenen Garten. Sie können eine Expedition starten oder sich mit einer Sitzwache begnügen, wie ich es auf der Bank vor dem Pub bei den Mauerseglern mache. Wichtig ist nur, sich ein Ziel zu setzen und zu wissen, was Sie sehen oder hören wollen. Je geschulter das Ohr, desto mehr Optionen eröffnen sich Ihnen.

Ich kann mich noch gut an ein Nachtkonzert vor ein paar Jahren in Suffolk erinnern. Es war im späten Frühling, als ich mit meinem Freund John Burton, dem Chef der britischen Umweltorganisation World Land Trust, die vielerorts auf der Welt den Ankauf von Land zum Schutz von seltenen Tierarten mitfinanziert, zu einer Wanderung aufbrach, um Ziegenmelker, die zur Familie der Nachtschwalben gehören, zu sehen oder besser gesagt zu hören. Ziegenmelker sind geheimnisvolle Vögel. Sie jagen nachts, stecken nachts ihre Reviere ab und gehen nachts auf Partnersuche. Die Nacht ist ihre Zeit. Wir erreichten das Ziel unserer Wanderung, eine offene, sandige Heidelandschaft, nach der Abenddämmerung. Und wurden belohnt mit einem eigenartigen, unheimlichen Tuckern. Der Gesang des Ziegenmelkers klingt fremd und ist ganz und gar ungewöhnlich. Es hört sich an, wie wenn jemand am Drehregler eines nicht mehr richtig funktionierenden Radios spielen würde. Der Gesang eines Vogels, um den sich zahlreiche Mythen und Legenden ranken.

Der Ziegenmelker hat besondere Ansprüche an seine Umwelt, er ist auf ganz bestimmte Lebensräume angewiesen, die daher umso schützenswerter sind. Auch andere spezialisierte und daher eher seltene Arten fühlen sich dort wohl. So hörten wir noch andere Nachtsänger, etwa ein Rohrdommelmännchen, das sein „Nebelhorn" ertönen ließ, etwa anderthalb Kilometer von uns entfernt.

Auch eine Nachtigall stimmte ihr Lied an. Auf diesen Vogel kommen wir später noch ausführlich zu sprechen, aber an dieser Stelle folgt schon mal ein kleiner Vorgeschmack auf den außergewöhnlichsten Sänger unter den Vögeln. Zwei oder drei Männchen waren es, die ihre Stimme erhoben. Es war spät in der Saison, die Reviere waren längst abgesteckt, der Nachwuchs schon fast flügge, es ging hier, zumindest nach Nachtigallmaßstäben, also mehr um eine routinemäßige Performance. Aber wie dem auch sei, es ist immer schön, eine Nachtigall zu hören, und dieses Konzert am Ende der Saison erinnerte uns noch einmal an die Großartigkeit der Natur.

Und das waren noch nicht alle Überraschungen. Wieder aus der Richtung von Minsmere, diesmal jedoch nicht so weit entfernt, erklang ein weiterer Nachtvogel, ein Triel. Das ist ein Vogel mit auffälligen Stielaugen, der ebenfalls offene und trockene sandig-steinige Landschaften bevorzugt. Er brachte eine weitere

Farbe in das nächtliche Konzert – eine überraschende Zugabe, sogar so erstaunlich, dass diese Stimme uns für einen kurzen Moment verwirrte[10], bis wir uns daran erinnerten, dass es ein Triel sein musste. Die Art wurde irgendwann erfolgreich in Minsmere wiederangesiedelt.

Und noch immer war die Nacht nicht gelaufen. Aus der Dunkelheit erklang ein eigenartiges trillerndes Gezwitscher, das eine entsprechende Antwort aus einer anderen Richtung hervorrief. Diesmal war ich völlig ahnungslos, aber Burton wusste es sofort: eine Kreuzkröte. Eine seltene Amphibienart mit einer wunderbaren Stimme.

Das war es dann, ein herrliches Konzert für Blasquintett mit Ziegenmelker, Rohrdommel, Nachtigall, Triel und Kreuzkröte, in Suffolk, etwa anderthalb Kilometer von der Küste entfernt. Fünf wundervolle Stimmen, die man nur sehr selten hört, zumindest in dieser Besetzung. Die Stille der Nacht verstärkte ihr Zirpen, Wummern, Singen, Trällern, das Zeugnis über ihr Dasein und ihre Art ablegte.

Es war eine ganz besondere, unwirkliche, privilegierte Situation. Vermutlich waren John und ich die einzigen Menschen, die in diesem Moment an diesem Ort der Welt ein solches Konzert erleben durften. Ohne unsere bescheidene Fähigkeit, genau zuzuhören, hätten wir nichts als einen seltsamen Lärm wahrgenommen. Mehr noch: Ohne unsere Fähigkeit wären wir hier gar nicht erst gewesen.

Und das ist der Bonus, das Geschenk, das dieses Buch für Sie bereithält, zumindest hoffe ich das sehr. In einer Tüte Frühstücks-

---

10 Der deutsche Name Triel ist übrigens von seinem spezifischen Ruf abgeleitet und also eine onomatopoetische Bezeichnung.

flocken findet man manchmal eine Überraschung, kleine Plastikfigürchen oder Sammelbilder. Das Geschenk, das Sie in diesem Buch erhalten, ist eine neue Fähigkeit. Die Fähigkeit des Zuhörens und das Bewusstsein, sich privilegiert zu fühlen und Teil der Natur zu sein.

DIE WATVÖGEL DER KÜSTE

Die Küste hat außer Möwengeschrei noch etliche andere Vogelstimmen zu bieten, die man im Landesinneren nur selten wahrnimmt. Dazu erst einmal eine einfache Grundregel: Hören Sie irgendwo am Meer einen Vogel, der keine Möwe ist, dann ist es ein Austernfischer. Das ist zwar etwas gewagt, aber für den Anfang ist diese Grundregel sehr praktisch.

Der Austernfischer

Austernfischer halten selten ihren Schnabel. Wenn Sie schrille Trillertöne oder ein pfeifendes Geräusch hören, das sich wiederholt und irgendwie hektisch wirkt, dann ist wahrscheinlich ein Austernfischer der Urheber. Die schrillen Trillertöne tragen sehr weit und erinnern ein wenig an die Trillerpfeife eines Schiedsrichters. Wenn sie aufgeregt sind – und das sind sie wohl die meiste Zeit ihres Lebens –, stoßen Austernfischer eine Reihe von Lauten aus, die wie „K'piek k'piek k'piek" klingen – Verzeihung, dass ich die Pii-uu-Regel gebrochen habe.

Die Stimme der Austernfischer zu lernen, ist nicht sehr schwer, da man die Vögel auch leicht zu Gesicht bekommt. Sie haben die Größe einer Haustaube, ein auffällig schwarz-weißes Gefieder und einen Schnabel, der aussieht wie eine Karotte. Hören Sie etwas rufen, halten Sie nach dem markanten Vogel Ausschau, der keinerlei Anstalten macht, sich zu verstecken. Das sollten eigentlich alle Vögel so machen! Austernfischer machen Ihnen das Beobachten leicht.

Der Rotschenkel

Ich möchte Ihnen für Ihre ersten Schritte als Meereslauscher drei weitere dankbare, da allesamt sehr stimmgewaltige Watvögel vorstellen.

In seichten Küstengewässern, im Watt und im Marschland, werden Sie Rotschenkel in Alarmbereitschaft versetzen. Alles andere als stoisch in sich ruhend, fliegen Rotschenkel bei der geringsten Störung auf und stoßen dabei einen feinen, dreitönigen Warnpfeifton aus, bei dem die Betonung auf der ersten Silbe liegt. Das ist typisch für sie.

Dabei kennt der Rotschenkel zahlreiche Variationen, je nach Situation. Wer einem Trupp aus der Ferne lauscht, wird feststellen, dass die Vögel sich gegenseitig ständig etwas zurufen, jedoch deutlich weniger hektisch. Sie haben ein feines Vokabular, das aus Piep- und Pfeiftönen besteht.

Benjamin Britten hat den Rotschenkelruf in seine Oper „Peter Grimes", die an der Küste Suffolks spielt, eingebaut. Er bringt die Einsamkeit und Weite jener rauen Landschaft kongenial zum Ausdruck. Für die Vögel selbst hat das Ganze natürlich nicht einmal annähernd diese Bedeutung. Rotschenkel zeigen damit Artgenossen ihre Solidarität und bringen auch ihr Behagen über den Ort, an dem sie leben, zum Ausdruck. Es ist wie immer eine Frage der persönlichen Wahrnehmung.

Der Große Brachvogel

Auch der Große Brachvogel ist ein Vogel, dessen melancholischer Ruf Einsamkeit und Weite assoziiert. Er ist zweisilbig, mit Betonung auf der zweiten Silbe.

Die Bandbreite an Lauten, die auf diesen zwei Silben basieren, ist groß. Sein einige Male wiederholter und variierter Ruf trägt kilometerweit. Dem Großen Brachvogel begegnet man mitunter auch im Hinterland in Sumpfgebieten und auf Feucht- und Mähwiesen, wo sie auch brüten.

Der Kiebitz

Kiebitze, die allgemein Feucht- und Weidegebiete lieben, leben nicht zwangsläufig an der Küste. Ihre Stimme ist laut, markant und sehr einprägsam. Sie rufen ihren eigen Namen: „Kii-wiiit kii-wiiit". Das Wichtigste, das man sich merken sollte, ist der nasale Klang, denn Kiebitze hören sich an wie eine Oboe, ein Doppelblattinstrument.

Ihr Ruf ertönt meist als Warnruf, aber wie so häufig bei Watvögeln hat auch der Kiebitz eine ganze Menge Variationen auf Lager. Wenn man einem Trupp Kiebitze zuhört, stellt man fest, dass sie in der Kommunikation untereinander zahlreiche verschiedene Laute verwenden. In der Balz wird der Ruf ekstatisch und dabei von akrobatischen Flugmanövern begleitet.

Austernfischer, Rotschenkel, Großer Brachvogel und Kiebitz zählen zu den Watvögeln, einer großen Gruppe mit zahlreichen Arten. Studieren Sie weitere Vertreter wie den Sanderling, den Knutt und die Pfuhlschnepfe auf eigene Faust. Die vier näher Beschriebenen dienen als Einstieg, um sich einen ersten Überblick zu verschaffen. Wenn sich Ihr Gehör darauf eingepegelt hat, werden Sie feststellen, dass die Rufe der Watvögel zu den schönsten und stimmungsvollsten zählen, denen man im Leben als Vogelbeobachter begegnen kann.

HALLO!

Wenn man den Watvögeln und Möwen lauscht und lernt, ihre Stimmen voneinander zu unterscheiden, kommt man irgendwann dazu, sich auf ihren Ausdruck zu konzentrieren. Das wiederum führt dazu, Vögel als Individuen zu betrachten. Sie sind nicht nur Vertreter einer Art, die ähnlich aussehen, sich ähnlich verhalten, auf die gleiche Art und Weise reagieren. Nicht jeder Kiebitz ist gleich.

Vögel sind keine Maschinen, die, wenn man an einem Knopf dreht, immer auf die gleiche Art und Weise reagieren. Ein Rotschenkel hat einen Warnruf, der unverkennbar der Ruf eines Rotschenkels ist. In dem Moment, in dem er seinen Warnruf loslässt, bringt er auch seine Sicht auf die Welt um ihn herum und die Art der Bedrohung zum Ausdruck. Somit ist der Ausdruck des Rufs abhängig von diversen Aspekten wie Kontext, Tageszeit, Entfernung der Bedrohung, Ernst der Bedrohung und auch der Verfassung des Vogels. Ein Vogel, den gerade ein Sperber aufgeschreckt hat, wird massiver auf einen vorbeigehenden Passanten reagieren.

Am Anfang der Beschäftigung mit Vogelstimmen geht man zunächst davon aus, dass Vögel nur ein begrenztes Vokabular besitzen: einen Warnruf, einen Kontaktruf, einen Balzruf, das war's. Aber bald stellt man fest, dass es keine klaren Grenzen zwischen diesen Lautäußerungen gibt, sondern nur fließende Übergänge. Ein Ruf lässt sich variieren, etwa in puncto Lautstärke, Rhythmus und Anzahl der Wiederholungen. Gleiches trifft auch auf den Menschen zu, denn die Art und Weise, wie dieser „Hallo" sagt, ist nicht immer gleich. Es ist zwar jedes Mal ein Gruß, dennoch gibt es zahlreiche feine Unterschiede. Wenn Sie einen Anruf auf Ihrem Handy erhalten und auf dem Display einen Namen sehen, nehmen Sie das

Gespräch an und sagen „Hallo" – aber wie? Desinteressiert oder distanziert, freundlich oder erwartungsvoll? Oder flirtend oder mit der liebevollsten Stimme, zu der sie fähig sind? „Hallo" ist zwar nur ein Kontaktruf, kann aber so viel bedeuten, je nach Intonation.

Auch Vögel benutzen ihre Stimme, um etwas auszudrücken. Wer sich für Vogelstimmen interessiert, bekommt mit der Zeit ein Gefühl dafür, was sie bedeuten. Hunde-, Katzen- und Pferdehalter würden das für ihre vierbeinigen Gefährten bestätigen. Ein Hundehalter erkennt die Verfassung seines Hundes am Bellen. Ein Vogellauscher kann anhand der Rufvariationen und Lautäußerungen, die um uns herum ertönen, ebenfalls erstaunlich viele Rückschlüsse ziehen.

Das Schöne daran: All dies geht über das theoretische Wissen in einem Buch hinaus. Ein Buch kann den Unterschied zwischen „Lass mich rein"-Bellen, „Katze im Garten"-Bellen oder „Einbrecher im Haus"-Bellen nicht erläutern. Und die feinen Unterschiede zwischen den Lauten von Vögeln lernt man ebenso wenig, indem man sich nur Aufnahmen von Vogelstimmen anhört. Man erfasst sie eher unbewusst, indem man zuhört. Wer diesen Prozess der anstrengungslosen Erkenntnis durchlebt, für den wird die Welt ein Stück reichhaltiger.

DIE KRÄHEN

Krähen krächzen, und zwar das ganze Jahr hindurch. Man kann es nicht wirklich als Gesang bezeichnen, und doch gibt es Menschen, die sich auf das Krächzen spezialisiert haben. Krähen sind irgendwie besonders, sehr intelligent, äußerst erfinderisch. Sie verstehen es, den Menschen für ihre Zwecke zu nutzen. Professor Nicky Clayton, die ich in ihrer Voliere an der Cambridge-Universität besuchte, erläuterte mir, dass Krähen auf einer Stufe mit Schimpansen stehen, was Intelligenz betrifft – mindestens.

Sehr melodiös ist ihr Gesang, wie gesagt, nicht, das muss man schon zugeben (obwohl das Lautspektrum von Kolkraben tatsächlich sehr liebliche Töne enthält). Zumindest verraten die Laute, die sie von sich geben, eine Menge über ihre Lebensgewohnheiten. Wer das Leben der Krähen verstehen will, sollte ihnen zuhören. Krähen produzieren auch eine ganz Reihe perkussiver Laute, vielleicht sogar mehr als Spechte. Sie sind die Interpunktion im Roman der Vogellieder, wenn man so will.

Hierzulande gibt es nun allerdings vier bzw. fünf Arten, die in Unkenntnis oft pauschal als „Krähen" bezeichnet werden.[11]

---

11 Es ist ein wenig kompliziert. Raben und Krähen bilden zusammen die Gattung *Corvus* in der Familie der Rabenvögel (*Corvidae*). Es sind die größten Arten innerhalb der Ordnung der Sperlingsvögel. Die größeren Vertreter werden als „Raben", die kleineren als „Krähen" bezeichnet. In Europa kommen der Kolkrabe, die Aas- oder Rabenkrähe, die Saatkrähe und die Dohle vor. Die Aaskrähe tritt in zwei Varianten, sogenannten Morphen, auf: die Rabenkrähe und die Nebelkrähe, wobei die Nebelkrähe mehr oder weniger östlich der Elbe beheimatet ist und den Fluss nicht überschreitet; Raben- und Nebelkrähen bringen zusammen zahlreiche Hybridformen hervor (zusammengefasst aus Wikipedia, Anm. d. Redaktion).

Mit „Krähen“ im Besonderen sind in der Regel die großen, völlig schwarzen Raben- oder Aaskrähen gemeint. Beginnen wir mit diesen.

Die Rabenkrähe

Raben- oder Aaskrähen rufen „Krah“ oder „Kah“ oder „Kraaaagh“ oder wie auch immer man es notieren möchte. Es ist ein lauter, grimmiger, (wie manche meinen) böse klingender Ruf. Er besteht aus drei schnell aufeinanderfolgenden Silben, das sichere Kennzeichen der Rabenkrähe. Ansonsten gilt: Manchmal treten sie als Pärchen auf, manchmal einzeln. Wenn Sie viele Vögel gleichzeitig rufen hören, sind es wahrscheinlich keine Rabenkrähen, sondern Saatkrähen. Aber auch das ist nicht zwingend der Fall. Mitunter treten Rabenkrähen in Trupps auf (wenn es ums Fressen oder Schlafen geht). Nicht mehr als eine Faustregel ist: Eine Krähe allein ist eine Rabenkrähe, zwei Krähen zusammen sind zwei Saatkrähen. Manchmal tun sich Rabenkrähen auch mit Saatkrähen und Dohlen zusammen. Ihr Ruf ist aber immer verschieden.

Die Saatkrähe

Saatkrähen sind sehr gesellige Vögel mit markanten Gesichtern – es wirkt so, als bestünde das ganze Gesicht nur aus dem Schnabel, der die Farbe alter Knochen hat. Sie krächzen ebenfalls gerne. Mehr noch: Sie lieben es, und tun es fast die ganze Zeit. Ihr Ruf ist aber nicht dreisilbig und außerdem lieblicher als der der Rabenkrähen. Saatkrähen klingen auch nicht „böse“, sondern eher so, als freuten sie sich gerade des Lebens. Und wenn sie zusammen sind, was ja meistens der Fall ist, quatschen sie in einer Tour miteinander.

Das Vokabular der Saatkrähen umfasst mehr als nur ein Krächzen. Sie erzeugen auch Quieklaute, knallende, bellende und kreischende

Geräusche und manchmal Töne, die klingen wie Hornsignale. Da sie (noch) so weit verbreitet sind, übersehen wir Menschen gerne, was für ein komplexes Sozialleben, das auf einem faszinierenden Kommunikationssystem fußt, diese Vögel führen. Nach meinem Besuch bei Nicky Clayton hat sich mein Blick auf die Saatkrähen stark verändert. Wer sich beim Beobachten von Saatkrähen einmal auf ein Exemplar konzentriert, wird leicht feststellen, dass der Vogel nur Dinge tut, die der Gruppe dienen. Sein Krächzen, Quieken und Trompeten dient der zärtlichen Verständigung im Getümmel und mit seinem Partner, dem er ein Leben lang treu ist.

Die Dohle

Die dritte schwarze Krähe, die die Nähe des Menschen nicht scheut, ist die Dohle. Die krächzt nicht, sondern sagt „Jeck". Auch dieser Ruf kommt in vielen feinen Varianten vor, wie man es von einer intelligenten und sozialen Art erwarten darf. Er unterscheidet sich stark von den Lautäußerungen der Raben- und Saatkrähen und ist eigentlich unverwechselbar. Dohlen treten immer in kleinen Gruppen von etwa ein Dutzend Vögeln, manchmal auch mehr, auf. Dohlenrufe gehören zu den schönsten Klängen um Kirchtürme herum. Interessant ist die Symphonie aus Lauten von großen gemischten Trupps aus Saatkrähen und Dohlen, unter die sich nicht selten auch ein paar Rabenkrähen mischen: Das heitere Krächzen der Saatkrähen und die abgehakten, explosiveren Rufe der Dohlen bilden den Hintergrund, die Hornsignale der Saatkrähen und das Krächzen der Rabenkrähen sind die Soli.

BINSENWEISHEITEN

Vögel sprechen, aber kann man das wirklich Sprache nennen? Tiere kommunizieren miteinander, jedes auf seine Weise, nur stellt sich die Frage, ob diese Art der Kommunikation als Sprache bezeichnet werden kann. Die Antwort auf diese Fragen sagt vielleicht nicht viel über die Tiere, aber durchaus viel über uns Menschen aus. Auf der einen Seite gibt es Menschen, die mit großem Eifer, ja vielleicht sogar Übereifer versuchen, die Ähnlichkeiten von Menschen und anderen Lebensformen hervorzuheben, während andere geradezu verzweifelt bemüht sind, die Unterschiede festzumachen.

Es gibt zahlreiche tiefgründige philosophische Definitionen von Sprache. Eines der wichtigsten Kennzeichen der menschlichen Sprache ist demnach, dass der Mensch Sprache zur sinnvollen Kommunikation über etwas, was physisch nicht vorhanden ist, einsetzen kann. Nun, der Schwänzeltanz der Bienen – wenn also eine Arbeiterin den anderen den Weg zu einer reichhaltigen Nektarquelle zeigt – leistet genau dasselbe. Schon ist diese Definition nicht mehr haltbar.

Es gibt zahlreiche Aspekte, die menschliche Sprache ausmachen. So können wir mit unserer Sprache beliebigen Klängen eine Bedeutung geben, wie etwa dem Wort „Vogel“, das überhaupt nicht klingt wie ein Vogel. Sprache wird von einem Individuum zum anderen übertragen, sie hat also auch kulturelle Bedeutung. Manche behaupten, dass Tiere nicht zu einem kulturellen Austausch fähig sind. Andere meinen, der entscheidende Punkt sei, dass man Sprache dazu verwenden kann, um über Sprache zu reden, also im Grunde genau das, was ich hier gerade versuche.

Mir kommen all diese Definitionen eher wie Einschränkungen denn wie Argumente vor. Die Prämisse, dass nichtmenschliche Wesen ebenfalls so etwas wie Kultur besitzen, wird von den Gegnern vehement abgelehnt, die die unüberbrückbare Barriere zwischen uns Menschen und allen anderen Lebewesen mit allen Mitteln aufrechterhalten wollen. Das Beharren darauf, dass nur der Mensch über Sprache verfüge, stellt aber eine Verzerrung der Definition von Sprache dar, und zwar dahingehend, dass unter Sprache nur das fallen soll, wozu der Mensch fähig ist. Vereinfacht gesagt: Sprache soll erst Sprache genannt werden, wenn Menschen sich dieser bedienen – keine besonders anregende Sichtweise.

Philosophische Spitzfindigkeiten zum Thema Sprache mögen an sich ja interessant sein – aber sie führen nicht weiter, wenn es darum geht, über nichtmenschliche Lebewesen nachzudenken. Menschen kommunizieren, nichtmenschliche Lebewesen ebenso. Stellt sich die Frage: Gibt es den einen magischen Moment, an dem das Plappern der Saatkrähen in einer Krähenkolonie zu Sprache avanciert? Oder erreicht das Klicken der Delfine diesen Punkt? Gab es in der Geschichte der Urwelt also auch den Moment, an dem das Geplapper unserer Vorfahren zur Menschensprache wurde? Absurd. Man könnte sich dann genauso gut das Hirn darüber zermartern, an welchem Punkt ein Bach zum Fluss wird. Ein Fluss ist zweifelsohne und unbestritten ein Fluss und das Gleiche gilt für einen Bach. Aber einen Zeitpunkt, an dem beide für immer und ewig zwei völlig verschiedene Dinge sind, gibt es nicht.

Basil Fawlty, die Hauptfigur der britischen Serie „Fawlty Towers", sagt, das Spezialgebiet seiner Frau Sybil bei Quizsendungen seien „Binsenweisheiten“. Hier folgen zwei solche Binsen. Erstens: Menschen sind in vielerlei Hinsicht anders als andere Tiere. Zweitens: Menschen sind eine andere Art Tiere. Es gibt einen Zusammenhang zwischen Menschen und Tieren. Wir sind mit den Schimpansen und Bonobos so eng verwandt, dass Wissenschaftler, die den komplexen Fragen der Taxonomie nachgehen, forderten: Wenn wir das Verhalten der Primaten und den Platz des Menschen in der Natur verstehen wollen, müssen wir auf der einen Seite die Menschen als Schimpansen klassifizieren, auf der anderen Seite die Schimpansen als Hominiden.

Die Geschichte der Menschheit ist eine Art Flucht aus der wilden Tierwelt. Wir haben alles Menschenmögliche getan, um zu unserer eigenen Genugtuung zu beweisen, dass uns nichts mit den Tieren verbindet. Darauf fußt schließlich unsere ganze Zivilisation. Deshalb ist es für viele verstörend zu realisieren, dass wir wie die Delfine und die Affen und die Vögel und die Bienen ein Teil des gleichen Ganzen sind. Hoch entwickelte Sprache ist einer der grundsätzlichen Unterschiede. Aber letztlich sind auch wir Tiere, die miteinander kommunizieren, wie die Saatkrähen in der Krähenkolonie und die Rotschenkel auf dem Marschland.

Je näher wir die Natur betrachten, desto klarer wird, dass es nur sehr wenige unverrückbare Grenzen gibt. Wir teilen die gleichen Vorfahren mit unserem Goldfisch und auch mit der Eiche im Park. Wir kommunizieren, wie die Vögel. Wenn Sie den Vögeln lauschen, werden Sie nicht nur diesbezüglich einiges lernen, sondern mit der Zeit auch die Verwandtschaft mit ihnen akzeptieren.

ZWEI WEITERE KRÄHEN

Ich möchte noch über zwei weitere Vertreter der Rabenvogelfamilie sprechen, zwei Vögel, die man ebenfalls das ganze Jahr hindurch hören kann.

Die Elster

Fangen wir mit der Elster an. Ihr stakkatoartiges Schäckern ruft zum Teil wenig schmeichelhafte Reaktionen hervor. Die Chinesen sagen, es klingt, als würde man einen Sack voller Geldmünzen schütteln. Elstern stehen im Verruf, Diebe zu sein und andere schreckliche Verbrechen zu begehen. So ungeniert und unübersehbar sie sich vor unseren Augen geben, so unbeliebt scheinen sie vielerorts zu sein. Sie haben es faustdick hinter den Ohren. Gerald Durrell, ein britischer Zoologe, erzählte, dass seine zahmen Elstern die Hühner von nebenan schikanierten, indem sie den menschlichen Ruf imitierten, der sie zum Fressen lockt. Hernach feixten sie wie „eine Gruppe Halbstarker, die gerade biedere Provinzler über den Tisch gezogen haben".

Eine der größten Lügen über Elstern kann man aber ganz sicher begraben, sie lautet: Sobald Elstern in der Nähe sind, ertönen keine Sänger mehr, da Elstern deren Jungen aus den Nestern räubern. Elstern sind allgegenwärtig, und wer Ohren hat, wird feststellen, dass viele andere Vogelstimmen erklingen, auch wenn Elstern schäckern. Der Untergang der Sänger durch die Grausamkeit der Elstern ist ein Mythos, den jeder, der den Vögeln lauscht, leicht widerlegen kann.

Der Ruf der Elstern, der als Keckern oder Schäckern bezeichnet wird, ist markant und unüberhörbar, wenn man ihn einmal erfasst hat. Auch wenn man den Ruf bis zu diesem Zeitpunkt nicht mit

Elstern assoziiert hat, stellt man dann fest, dass man es eigentlich schon gewusst hat. Elstern erzeugen auch andere, weniger auffällige Klänge, zum Beispiel Klick-und Quieklaute, sie imitieren teils andere Vögel, aber das Schäckern ist *der* Ruf der Elster.

Der Eichelhäher

Eichelhäher sind ebenfalls Rabenvögel, was auf den ersten Blick überrascht angesichts des Gefieders, in dem Rosa und Blau vertreten sind. Bei näherem Hinsehen erkannt man jedoch am Schnabel, dass es sich eindeutig um einen Rabenvogel handelt. Professor Clayton fand heraus, dass Eichelhäher erstaunliche Problemlöser sind. Legt man einen Regenwurm in ein mit etwas Wasser gefülltes Glas, dessen Öffnung zu schmal ist, als dass der Eichelhäher ihn mit dem Schnabel erreichen könnte, wirft er Steinchen in das Glas, sodass der Wasserspiegel steigt und mit ihm der Regenwurm in greifbare Nähe gelangt. Reicht man ihm falsche Steinchen, nämlich solche, die zwar wie Steine aussehen, die aber auf dem Wasser schwimmen, ignoriert er diese und nimmt nur die echten.

Der Basislaut des Eichelhähers lässt seine erstaunliche Intelligenz nicht unbedingt erahnen. Denn er schreit. Wer im Wald und zunehmend in Parks und Gärten der Städte ein markerschütterndes Rätschen vernimmt, der weiß, dass ein Eichelhäher in der Nähe ist. Überall, wo es Eichen gibt, trifft man in der Regel auch Eichelhäher an, denn Eicheln lieben sie über alles. Der weittragende Warnruf ertönt, wenn der Vogel sich gestört fühlt – von Ihnen zum Beispiel. Ziemlich treffend, wie ich finde, wird der Ruf mit dem Geräusch verglichen, das beim Zerreißen von Stoff entsteht.

Wie Elstern haben auch Eichelhäher noch weitere, subtilere Laute auf Lager, aber der Schrei ist ihr Markenzeichen. Halten Sie für einen kurzen Moment inne, wenn Sie ihn hören, vielleicht bekommen Sie den Vogel mit den gefingerten Flügeln und dem farbenprächtigen Gefieder ja zu Gesicht. Nicht ganz zufällig ist sein Spitzname in Großbritannien *bird of paradise*, Paradiesvogel. Und wenn sie da sind, lassen sie es einen auch wissen – durch ohrenbetäubenden Lärm.

WELTMEISTERSCHAFT DER VOGELBEOBACHTER

Es gibt so viele Arten auf der Welt. Zu viele, um sie alle zu kennen. 1966 wurde die Fußballweltmeisterschaft, bei der England zum ersten und einzigen Mal den verdammten Pokal gewann, mit 16 Mannschaften ausgetragen. Es war möglich, alle Spiele zu verfolgen und alle Mannschaften spielen zu sehen, ihre Spielweisen, Stärken und Schwächen kennenzulernen. Man entwickelte ein Gefühl für das Turnier und konnte die Chance, es zu gewinnen, gut einschätzen. Heute sind es 32 Mannschaften, in der Gruppenphase drei Spiele pro Tag, und kein Mensch hat so viel Zeit, sich alle Spiele anzusehen. Je mehr Länder an einer WM teilnehmen, desto weniger verstehen wir sie also. Deshalb brechen wir das Ganze auf eine fassbare Größenordnung hinunter: mein eigenes Land und das Ausland, hier sind wir und da draußen die anderen. Es stellt sich nurmehr die eine Frage: Werden *wir* gewinnen? Und die ganze Nation, ausgenommen vielleicht die Fachleute und ganz passionierten Fußballfans, gibt sich damit zufrieden: Ob *wir* gewinnen oder das Ausland. Die Partie Paraguay gegen Südkorea interessiert als solche nicht. Die Weltmeisterschaft ist ein zweigeteiltes Turnier.

Die überwältigende Artenvielfalt auf unserem Planeten hat den gleichen Effekt. Damit im Grunde überfordert, sind wir geneigt, das Leben zweigeteilt zu betrachten: wir und sie. Wir, die Menschen, und sie, die Tiere. Das ist viel einfacher. Wir wissen, dass es auf der Erde etwa 10.000 Vogelarten gibt, und alle erzeugen irgendwelche Laute. Ich sage bewusst „etwa" 10.000 Vogelarten, denn niemand kennt die genaue Zahl. Sie schwankt zudem, da die Taxonomie fließend ist. Wissenschaftler stehen immer wieder vor der Frage, ob zwei leicht unterschiedliche Populationen Vertreter ein und derselben Art sind oder zwei eigenständige Arten bilden.

Als man beschloss, dass der Fichtenkreuzschnabel und der Schottlandkreuzschnabel zwei Arten sind, waren viele Vogelbeobachter glücklich, denn sie konnten eine weitere Art auf ihre Liste setzen, ohne dass sie dafür extra das Haus verlassen mussten.

Weitaus interessanter ist die Frage, warum es eigentlich so viele verschiedene Vogelarten gibt. Nicht also die Frage, warum wir hier sind, sondern wie es sein kann, dass wir so viele sind, dass es überhaupt so viele verschiedene Lebensformen und Arten gibt, zielt auf das große Geheimnis des Lebens.

Die Wahrheit über das Gewimmel in der Welt der Natur ist kompliziert und schwierig zu verstehen – es ist, als wollte man Stephen Hawking verstehen. Da ist es viel einfacher, zur dualen Vorstellung von „wir und sie" zurückzukehren. Doch je öfter man Vögeln lauscht, desto unbefriedigender fühlt sich eine einfache dualistische Einteilung des Universums an. Das Verlangen, in der Einmaligkeit unseres Daseins als Menschen zu schwelgen, wird raffiniert von dem entgegengesetzten Verlangen, das Trost und Sinn verspricht, unterminiert, als Teil in einem großen Ganzen aufzugehen. Das ist ein Widerspruch, und genau darin liegt unser Menschsein.

DIE SÜẞWASSERVÖGEL

An einem See oder Teich werden Sie andere Vögel hören als in einem Wald oder an der Küste. Es gibt zwar gewisse Überschneidungen zwischen See und Meer – Lachmöwen fühlen sich hier wie dort wohl –, aber die Klanglandschaft ist eine ganz andere.

Die Stockente

„Quak" erkennt jeder – es gehört zur Ente oder, um genauer zu sein, zur Stockente, die am häufigsten vorkommende Entenart. Um noch präziser zu sein: zur weiblichen Stockente. Denn der „Quak"-Laut des Erpels, der männlichen Stockente, klingt anders, tiefer. Die Weibchen reihen gerne viele „Quaks" aneinander, deren Intensität und Lautstärke zum Ende hin abebben – was uns an das Gelächter eines Wahnsinnigen erinnert.

Die Teichralle

Wer viel in der Natur unterwegs ist, wird außerdem die Teichralle (die auch als Teichhuhn bezeichnet wird) hören. Meistens ertönt ihr Ruf – eine Art Alt-Quieken mit einem trillernden R – aus nicht einsehbaren, schilfreichen Uferbereichen. Teichrallen sind zwar nicht ausgeprägt wachsam oder scheu, aber sie betreiben ihre Nahrungssuche gern im dichten Röhricht, in dem sie sich geschickt bewegen. In der Abenddämmerung oder auch bereits im Dunkeln ist die Wahrscheinlichkeit groß, den Ruf einer Teichralle zu hören. Er kennt feine Variationen, klingt aber immer nach Teichralle.

Das Blässhuhn

Blässhühner und Teichrallen oder -hühner (beide sind aber Rallen) sind enge Verwandte. Vielleicht betonen sie deshalb ihre Unterschiede: Nicht nur der Schnabel und die Farben der Gesichter – Blässhuhn weiß, Teichralle rot – sind unterschiedlich, sondern auch ihre Rufe. Blässhühner trällern nicht, sondern klingen klarer, sehr melodisch (die Weibchen manchmal wie ein Kranich, die Männchen eher wie knallende Sektkorken). Während Teichrallen sich gerne in den Uferzonen aufhalten, trauen sich Blässhühner in tiefere Gewässer. Sie sind sehr gute Taucher. Bei Blässhühnern geht es gesellig zu, Auseinandersetzungen bleiben da nicht aus, die mit wilden Verfolgungsjagden und lautem Geplatsche und Gekiekse ausgetragen werden.

Der Graureiher

Sollten Sie einen rauen, etwas heiseren und meist einsilbigen Schrei vernehmen, dann schauen Sie nach oben. Die Wahrscheinlichkeit, dass gerade ein Graureiher über Sie hinwegfliegt, ist ziemlich groß. Es klingt wie ein verächtlich mit Blick über die Schulter ausgestoßenes Bellen, fremd und archaisch, wie ja auch die Flugsilhouette der Reiher an Flugsaurier erinnert. Reiher bellen, wenn sie sich gestört fühlen.

Der Zwergtaucher

Die Stimme des Zwergtauchers ist eine Herausforderung für den Vogellauscher. Auf jeden Fall kann ich das für mich sagen. Es dauerte lange, bis mir klar wurde, mit wem ich es zu tun hatte, als ich diesen Laut hörte, den man nicht unbedingt mit einem Vogel in Verbindung bringt. Zu hören ist der Zwergtaucher im Frühling an Tümpeln, Seen und Gräben, wo er aus der Deckung geschützter Bereiche heraus sein kicherndes, weittragendes Trällern zu Gehör bringt. Und sobald Sie sich fragen, wer dieses eigentlich sehr angenehme Geräusch erzeugt, kommt ein Zwergtaucher vorbeigeschwommen. Nach dem Urheber brauchen Sie dann nicht mehr Ausschau zu halten, denn er schwimmt direkt vor ihnen.

An Binnengewässern gibt es noch viel mehr zu entdecken, aber das möchte ich Ihnen überlassen. Ihr Ohr wird bald so weit sein. Nur noch einen Laut möchte ich erwähnen, und zwar das Pfeifen der Pfeifente, das zu den Lieblingslauten vieler Vogelfreunde zählt.

ZÄHLT DAS WIRKLICH?

„Horch, horch, o horch!“, spricht der Geist zu Hamlet. Auf uns bezogen heißt das: Wir lauschen lieber, anstatt Buch zu führen. Allerdings habe ich nicht vor, Ihnen eine Geschichte zu erzählen, die Ihre Seele zermalmt, Ihr junges Blut erstarren lässt, die verworrenen krausen Locken trennt und jedes einzelne Haar emporsträuben lässt wie Nadeln an dem zornigen Stacheltier.[12]

Was ist von ornithologischer Buchführung generell zu halten?

Zunächst sei festgestellt: Natürlich ist das Erstellen von Listen nicht zwingend erforderlich, auch wenn viele Vogelbeobachter ihre Listen als Beweis dafür ansehen, dass sie ihr Hobby ernsthaft betreiben. Eine Liste ist etwas, was Ihren Tag, Ihre Reise, Ihr Jahr oder gar Ihr Leben auf eine Zahl reduziert. Listen sind sicherlich sehr aufschlussreich, weil sie die Artenvielfalt dokumentieren – und die Kompetenz des Vogelbeobachters belegen oder etwas über die Energie des Buchführenden aussagen. Ob Sie Ihrem Hobby eine sportliche Note verleihen möchten, indem Sie Listen anlegen, ist Ihre Entscheidung. Ich träufle zum Beispiel Tabasco auf meine Chips und führe keine Listen.

Vogelbeobachter mit sportlichem Ehrgeiz heißen *Twitcher*. Sie übersehen manchmal, dass ihr Hobby nichts mit Vogelbeobachtung im eigentlichen Sinne zu tun hat. Sie mögen zwar auch Vogelbeobachter sein, aber gewiss nicht alle Vogelbeobachter sind *Twitcher*. Denn bei ihnen handelt es sich um Hardcore-Buchführer. Sie führen nicht nur Listen, sondern legen auch gerne große Strecken zurück, um eine absolute Rarität zu sehen. Ihre Begeisterung gilt nicht so sehr den Vögeln selbst, sondern dem Anwachsen ihrer Lis-

---

12 Vgl. Shakespeare: Hamlet, 1. Akt, V. Szene.

ten. Vogelbeobachter im klassischen Sinn bevorzugen dagegen ein Beobachtungsgebiet in der unmittelbaren Umgebung. Und wieder andere – wie ich – erfreuen sich einfach nur so an Vögeln. Manche *Twitcher* würden vielleicht behaupten, da fehle das Engagement, aber das würde ich bestreiten. Ich halte mich für durchaus engagiert, empfinde aber nicht den Drang, die Vögel unbedingt zu sehen und die Sichtung aufzuzeichnen, sie in eine Liste zu übertragen. Ich habe mich der Freude verschrieben, die Vögel singen zu hören, ich sympathisiere mit den Vogelschutzorganisationen. Legen Sie Listen an, wenn Sie Spaß daran haben. Wenn nicht, sind Sie deswegen kein schlechterer Vogelbeobachter.

Eine alte Vogelbeobachter-Frage, die vor allem die *Twitcher* bewegt, ist: Darf man einen Vogel zählen, wenn man ihn nur gehört hat? Darauf lautet meine Antwort: Was heißt hier „nur“? Warum sollte man einen Vogel zählen, den man „nur“ gesehen hat?

Woher kommt das Primat des Sehens? Die Frage erinnert an müßige Diskussionen in der Schule: Wärst du lieber blind oder taub? Der Grund dafür, dass wir unser Sehvermögen für so wichtig halten, ist das geschriebene Wort. Die Erfindung der Schrift und die Vermittlung und Speicherung wichtiger Informationen in schriftlicher Form haben dazu geführt, dass wir unser Sehvermögen höher einstufen als andere Sinne. Die vorschriftliche Welt war eine reine Sprach- und Gehörkultur. Wichtige Informationen wurden akustisch übertragen, das richtige Hören spielte eine Hauptrolle. In der vorschriftlichen Kultur wurde der Gehörsinn vermutlich als primärer Sinn betrachtet (schon wieder ein „Sehen-Wort“, aber so ist sie halt, unsere Sprache). Und genau das erklärt meines Erachtens auch, wieso das reine Hören von Vögeln Freude bereiten kann: Es entführt uns aus unserem zivilisierten Ich in eine Zeit, in der das Gehör den gleichen, wenn nicht sogar höheren Stellenwert hatte als das Sehvermögen. Wie wir gesehen haben, war das Hören eine Grundvoraussetzung, um überleben zu können. Außerdem war es die wichtigste Voraussetzung dafür, Mitmenschen, Artgenossen und die Umwelt zu verstehen. Wenn wir lernen, die Natur mit dem Gehör zu erfassen, so wie wir sie mit den Augen erfassen, können wir unsere Umwelt noch besser verstehen und ein Gefühl von Erfüllung genießen, das darauf beruht, dass wir eine Verbindung zu unseren Vorfahren wiederentdecken.

Meine Antwort auf die Frage, ob ein Vogel zählt, den man „nur" gehört hat, lautet uneingeschränkt: Ja! In seinem lesenswerten Buch „Birdscapes" sagt Jeremy Mynott dazu: „Das einzig Interessante an dieser Frage ist, dass sie überhaupt aufkam."[13] Wenn man in einem bestimmten Gebiet eine ornithologische Studie durchführt, wird man jeden Vogel, den man gehört hat, sofort in seine Karte eintragen und nicht erst dann, wenn man ihn gesehen hat. Oft haben unsere Ohren schon längst registriert, mit welchem Vogel wir es zu tun haben, bevor es unsere Augen tun. Das weiß ich aus eigener Erfahrung: Ich erinnere mich, dass ich auf einem Bauernhof einmal fünf Turteltauben gehört habe. Es waren zweifellos Turteltauben. Also schrieb ich das auf und hielt somit auch fest, dass der Landwirt einen großen Beitrag zum Artenschutz geleistet hatte.

Rein nach Gehör vorzugehen, ist nicht immer ganz einfach, vor allem wenn verschiedene Vogelarten gleichzeitig rufen und Hintergrundgeräusche aller Art dazukommen. Dann ist guter Rat teuer, Raten kommt nicht infrage. Wie wir noch sehen werden, sind sich die Lieder von Garten- und Mönchsgrasmücke zum Verwechseln ähnlich; in einem solchen Fall müssen wir, wenn wir

---

13 Jeremy Mynott: Birds in Our Imagination and Experience, Princeton University Presse 2012.

den Vogel eindeutig bestimmen wollen, ihn auch sehen, sein Verhalten beobachten.

Andererseits ist ein charakteristisches Lied oder ein markanter Ruf oft eindeutiger. Ich halte zum Beispiel selten nach einem Fitis oder einer Nachtigall Ausschau. Es sind unscheinbare Vögel, die versteckt in dichtem Unterholz leben. Aber ihre Lieder sind nicht zu überhören und sagen mir alles, was ich wissen möchte. Der nebelhornähnliche Laut einer Rohrdommel aus dem Schilf bringt mich nicht dazu, mich durch das Schilf zu quälen und den Vogel aufzuschrecken. Der Ruf ist großartig genug, vor allem in der Abenddämmerung, wenn der Nebel aufzieht – mir reicht das vollkommen. Ich weiß, dass es sich um eine Rohrdommel handelt, ich bin froh, dass es eine Rohrdommel ist, ich erzähle jedem, dass es eine Rohrdommel war, ich notiere sie als Rohrdommel, und wenn ich eine Liste führen würde, würden ich sie da auch als Rohrdommel eintragen.

Kurzum: Vögeln zu lauschen ist auch Vogelbeobachtung und keineswegs ein zweitrangiges Vergnügen. Für mich ist es die größte Freude. Ich plage mich auch nicht damit ab, beide Sinne zu trennen. Sehen und hören gehören gleichermaßen dazu, draußen in der Natur zu sein, die Sonne auf dem Rücken zu spüren, den Geruch von Moder in der Nase zu haben und zu merken, dass man langsam Lust auf Frühstück bekommt.

Wer also Listen führen will, soll es tun – aber stören Sie die Vögel nicht. Einen Vogel nur zu hören, das zählt genauso.

DIE GÄNSE

Das Süßwasserkapitel abzuschließen, ohne auf Gänse einzugehen, ist natürlich unmöglich. Es gibt zwei Arten, denen man das ganze Jahr hindurch auf Seen und Flüssen, aber auch auf Feldern und Wiesen begegnen kann. Gänse grasen, sie müssen sogar eine Menge Gras fressen. Da es nur einen geringen Nährwert besitzt, sind sie ständig am Fressen und hinterlassen dabei reichlich Spuren ihrer Hauptbeschäftigung – zum großen Ärger von Menschen, die Sportplätze gerne zu etwas anderem nutzen.

Die Graugans

Die Graugans hat bräunliches Gefieder, einen orangefarbenen Schnabel und ist der Vorfahr der domestizierten Hausgans – wie die Stockente der Vorfahr der Hausente. Oft mischen sich unter die Graugänse auch Hausgänse. Gänse sind äußerst soziale Wesen, und ihre Stimme ist ihr wichtigstes Kommunikationsinstrument. Sie stoßen laute, einsilbige, leicht nasal klingende Schreie aus, etwa wenn ein Trupp aufsteigt oder landet oder wenn einzelne Gänse sich einem Haupttrupp nähern. Graugänse sind meist gut sichtbar, wenn man aber nur ihre Silhouetten gegen die Sonne sieht, sie hinter Schilf verborgen sind oder weit entfernt auf einem Feld grasen, kann man sie leicht an ihrem Ruf von anderen Gänsen unterscheiden.

Die Kanadagans

Die zweite häufig vorkommende Gans ist die Kanadagans, die mehr noch als die Graugans eine Vorliebe für das Gras von Sportplätzen zu haben scheint. Nach Europa wurde sie einst eingeführt, um adelige Landgutbesitzer mit ihrem markanten Erscheinungsbild zu erfreuen. Mittlerweile gehören sie zum alltäglichen Landschaftsbild.

Anders als bei den Graugänsen ist der Ruf der Kanadagans zweisilbig. Die erste Silbe ähnelt einem Klarinettenbrummton, gefolgt von einem etwas höheren, blechern klingenden Ton, der viele Variationen kennt. Sie unternehmen gerne Ausflüge durch das Land, immer in der für den Gänseflug typischen V-Formation. Dabei ermuntern sie sich lautstark, die Flugformation beizubehalten und sich an der Spitze regelmäßig abzuwechseln.

Kanadagänse gelten vielfach als Fremdlinge, als ausländische Schreihälse, die nicht hierhergehören und die man wieder rausschmeißen sollte. Ich bewundere sie, weil sie sich so gut bei uns angepasst und eingefügt haben, und ich mag diese Vögel, weil sie die stillen Wintermonate mit ihren Rufen beleben.

LIED DES SCHMETTERLINGS

Es ist Hochsommer, und die Gedanken gehen in diesen Tagen zunehmend in Richtung – hm, ja, Schmetterlinge. Einige Beobachter tauschen Vögel gegen Libellen ein. Diese Vielseitigkeit ist noch relativ neu, sie ist aber aus gutem Grund entstanden: Im Hochsommer verstummen die Vögel.

Das Brutgeschäft ist so gut wie erledigt, der Nachwuchs bereits flügge. Die Eltern müssen zusehen, schleunigst wieder zu Kräften zu kommen, denn im Zweifelsfall steht der Zug in den Süden an. Vögel, die ein zweites Mal brüten, verteidigen ihr Revier jetzt etwas weniger vehement. Die Reviere sind längst abgesteckt, die lokalen Rivalen wissen Bescheid, die Hauptaufgabe ist vollbracht.

Viele Vögel kommen jetzt in die Mauser und erneuern ihr Gefieder. Dieser Prozess findet nicht über Nacht statt – ein nackter, flugunfähiger Vogel würde nicht besonders lange überleben –, sondern dauert einige Wochen. Bei den kleinen Insektenfressern wie Blaumeisen etwa sechs, bei Körnerfressern wie Finken etwa acht Wochen. Der Unterschied hat eine einfache Ursache: Insekten enthalten Keratin – einen Stoff, aus dem Vogelfedern (und auch unsere Haare und Fingernägel) gemacht sind. Während der Mauser sind die Vögel stark eingeschränkt. Bis zum nächsten großen Event – dem Herbst – verhalten sie sich ruhig und leben im Verborgenen.

Während dieser stillen Zeit bekommt man die Vögel nicht leicht zu Gesicht und muss auch seine Ohren sehr spitzen, um etwas von ihnen mitzubekommen. Genießen Sie das warme Wetter, auch wenn es schwerfällt.[14] Vielleicht nutzen Sie die Zeit, um Ihren Horizont zu erweitern. Auch Schmetterlinge und Libellen sind großartige Tiere zum Beobachten.

14 „Einsamer nie als im August", diese Gedichtzeile von Gottfried Benn, bekommt aus der Perspektive eines Ornithologen eine ganz eigene Bedeutung.

DIE GREIFVÖGEL

Mit Fortschreiten des Sommers verändert sich die Klanglandschaft. Es ist Zeit für die Greifvögel. Sie benötigen mehr Zeit, um ihren Nachwuchs großzuziehen, als etwa die Singvögel. Am Ende der Brutsaison, wenn diese zunehmend verstummen, geraten junge Greifvögel in den Blick.

Der Turmfalke

Nachdem Turmfalken flügge geworden sind, werden sie so lange von den Eltern weitergefüttert, bis sie richtig fliegen und jagen gelernt haben und sich selbst ernähren können. Ihre Tage verbringen sie damit, in der Nähe des Horstes zu trainieren. Sie veranstalten waghalsige Jagdspiele, bei dem sie ihr Einschätzungsvermögen schulen und ihre Schwingen kräftigen – Fähigkeiten, die für sie lebensnotwendig sind. Das alles sieht ziemlich rowdyhaft aus und ist vor allem von einem Höllenlärm begleitet.

Auch an dieser Stelle muss ich gegen die Pii-uu-Regel verstoßen und eine phonetische Transkription wiedergeben: Turmfalken rufen nach einhelliger Meinung „Kikiki“ oder „Ki-kiki“. Ich muss aber feststellen, dass der Ruf nicht zwangsläufig dreisilbig ist. Oftmals hört man eine schnelle Abfolge von wilden hohen Schreien. Sie sind sogar typisch für die meisten Greifvögel, auch wenn man von solch stattlichen Vögeln eher tiefe Töne erwarten würde. Erwachsene Vögel rufen deutlich weniger als Jungvögel, ausgenommen während der Partnersuche und Paarungszeit, in der alle Greifvögel schrille Laute ausstoßen. Der Ruf der Turmfalken ertönt am häufigsten, wenn der Nachwuchs da ist. Uns gilt er als Zeichen dafür, dass die Brutsaison sich dem Ende zuneigt. Die artistischen

Flugeinlagen, die mit dem „Kikiki“ einhergehen, zählen zu den Höhepunkten im Jahr des Vogelbeobachters.

Der Sperber

Wenn Sie im Sommer einen Waldspaziergang machen, werden Sie möglicherweise eine Katze in den Bäumen hören. Vielleicht sind es sogar drei oder vier Katzen, die sich nicht hinuntertrauen. Versuchen Sie nicht, sie zu retten. Sie würden nur stören. Denn natürlich handelt es sich um nestflüchtige Sperber, die um Futter betteln. Sie sind inzwischen zu groß für den Horst und beginnen, ihre Umgebung zu erkunden.

Das Sperberfauchen und -miauen hört man nicht jeden Tag, nicht einmal jedes Jahr, es ist ein besonderes Hörerlebnis, das man schon deshalb genießen sollte. Ich erwähne es auch, weil es einen ganz schön ins Grübeln bringen kann, wenn man den Laut nicht kennt.

Der Bussard

Wenn wir über Greifvögel sprechen, dürfen wir den Bussard nicht vergessen, den hierzulande häufigsten Vogel seiner Art. Der Bussard ist charakteristisch für unsere offenen Landschaften und sein Schrei so unverwechselbar wie das Quaken einer Ente und das „Ku-kuck“ des Kuckucks.

Auch über Siedlungen und am Stadtrand sieht und hört man ihn mitunter. Bussarde segeln stundenlang über ihr Revier und stoßen dabei ihr sehnsuchtsvolles „Miauen“ aus. Das Herz geht einem davon auf.

STILLE

Es gibt einen weiteren Klang oder Sound, der eine Bereicherung für uns Vogellauscher darstellt: Stille.

Wir leben in einer sehr lauten Welt. Ich habe eine Weile in Hongkong verbracht, einer der lautesten Orte überhaupt. Zunächst wohnte ich einige Wochen mitten in der Stadt. Bei Ausflügen in die Umgebung, auf die vorgelagerten Inseln und in die sogenannten New Territories, merkte ich durch das abrupte Aussetzen des Verkehrslärms jedes Mal, wie dieser mir zusetzte. Mir wurde regelrecht schwindelig. Nachdem ich das einige Male erlebt hatte, beschloss ich, auf eine dieser Inseln umzuziehen.

Egal, wo wir leben, Lärm ist allgegenwärtig, und wir haben gelernt, damit zu leben. Wir halten es aus, indem wir weghören, zum Beispiel in Cafés, in denen Musik läuft (bis das eine Lied gespielt wird). Der Verkehrslärm um uns herum reißt nie ab, überall werden wir mit Musik berieselt, das Samstagnachmittagsidyll wird von Rasenmäherlärm und laut aufgedrehten Fernsehgeräten übertönt. Es scheint so, als bräuchten wir den hausgemachten Lärm, der uns vor dem Gefühl der Einsamkeit ablenkt. Wir leben in einem Kokon aus Schall, einer im Wortsinn ohrenbetäubenden Umgebung, in der irgendwo immer irgendein Lärm ertönt, der uns daran erinnert, dass wir Menschen sind, weit weg von der Natur da draußen. Wenn ich in London unterwegs bin, werde ich pausenlos von keuchenden Joggern und Radfahrern mit den weißen Stöpseln ihrer iPods in den Ohren überholt.

Ich möchte aber keine Klage über die Abgründe der Zivilisation anstimmen, sondern lediglich dazu einladen, dem Lärm ab und an zu entfliehen. Wer einmal begonnen hat, Vogelstimmen zu lauschen, nimmt auch andere Geräusche wahr: das Summen der

Bienen, das Zirpen der Grillen, das Rauschen der Blätter in den Bäumen, das Wehen des Windes im Schilf, das Tosen des Meeres und das Rollen der Kiesel in der Brandung. Man hört diese Geräusche, weil man seine Ohren dafür geöffnet hat.

Ich liebe es, Vögel zu beobachten, habe dabei immer einen Laptop dabei, um mir Notizen zu machen. Ein gutes Fernglas gehört ebenfalls zu meiner Standardausrüstung, manchmal sogar ein Spektiv für große Entfernungen. Als ich damit anfing, Vögeln zuzuhören, überlegte ich, mir ein Aufnahmegerät zuzulegen. Ich hielt das für eine tolle Sache, um den Vogelstimmen lauschen zu können, wann immer ich wollte.

Mein alter Freund Bob ist eine Koryphäe, wenn es um Aufnahmen von Vogelstimmen geht. Fast sein ganzes Leben hat er der Vogelwelt in Sambia gewidmet. Bei seiner Pionierarbeit verwendete er ein Spulentonbandgerät, ein omnidirektionales Mikrofon und einen selbst gebauten Parabolspiegel. Diverse Male habe ich ihn auf Exkursionen begleitet, meistens in Afrika, aber einmal waren wir an einem herrlichen Mai-Abend in Suffolk unterwegs, wo wir inmitten von Röhricht und Gesträuch Zeuge eines stundenlangen Duetts zwischen einer Rohrdommel und einer Nachtigall wurden.

Letztendlich entschied ich mich dann gegen ein Aufnahmegerät, und das aus einem einfachen Grund: Stille. Wer Vogelstimmen aufnimmt, läuft Gefahr, sich auf die Neben- und Umgebungsgeräusche zu konzentrieren, die man nicht mit aufzeichnen will. Der Fokus liegt dann weniger auf den Vogelstimmen als vielmehr auf vorbeifliegenden Flugzeugen, entferntem Autobahnrauschen, bellenden Hunden, jaulenden Motorsägen.

Umgekehrt gilt: Beim Vogelstimmenlauschen kommt man der Stille zumindest näher. Das menschliche Gehirn hilft dabei, unerwünschte Geräusche auszublenden. Wir hören vorbeifahrende

Autos nicht mehr, wenn wir uns auf eine Amsel konzentrieren – zumindest, wenn wir kein Aufnahmegerät dabeihaben. Totale Stille gibt es übrigens nicht, höchstens tief in einer Höhle, wo der „Klang“ des Nichts aber fast wie ein Schock wirkt.

Vogellauscher bekommen mehr als andere Menschen, die sich in der Natur aufhalten. Sie hören nicht nur das Rauschen eines Baches, das Knirschen des Kieses unter den Schuhen, das Knacken der Äste beim Durchstreifen eines Gestrüpps, sondern auch die Abwesenheit von menschengemachtem Lärm. Das ist, wie Sie bald entdecken werden, ein viel größeres Erlebnis, als man denken würde. Diese Art der Stille ist etwas durchweg Positives, denn sie impliziert nicht nur die Abwesenheit von etwas, sondern die Anwesenheit der Natur.

Gut möglich, dass das größte Geschenk, das dieses Buch Ihnen machen kann, die Stille ist, die Sie erleben werden.

DIE EULEN UND KAUZE

Eulen und Kauze sind sehr standorttreu. Haben sie einmal ein Revier besetzt, versuchen sie, es ein Leben lang zu halten. Das macht es den Jungvögeln, die Ausschau nach einem eigenen Revier halten, umso schwerer. Vielleicht sind sie deshalb so laut, wenn sie am Ende der Brutzeit ihr Nest räumen müssen. Sie veranstalten einen Lärm, der garamtiert Gegenlärm von potenziellen Rivalen produziert, und zuweilen führt der Disput zwischen Eindringling und Platzhirsch dazu, dass sich auch andere Eulenarten einmischen. Vor meiner Haustür hatte ich den Fall, dass Vertreter dreier verschiedener Eulenarten – Waldkauz, Schleiereule, Steinkauz – lautstark miteinander diskutierten.

Und weil Eulen ihr Revier das ganze Jahr hindurch verteidigen, rufen sie auch das ganze Jahr. Rauer wird der Ton von uns empfunden, wenn der Herbst anfängt und mit ihm etwas mehr Ruhe einkehrt.

Der Waldkauz

Den Ruf des Waldkäuzchens dürfte jeder im Ohr haben. Im Kino und Fernsehen ertönt er immer nachts, auf Friedhöfen, und in Gruselfilmen sorgt er verlässlich für Gänsehaut. Früher war der Waldkauz als Todesvogel verschrien, weil man den Ruf der Weibchen („Ku-wit") als „Komm mit" interpretierte. Der Waldkauz bevorzugt dichte Wälder, man trifft ihn aber auch in Parks und eben auf Friedhöfen mit altem Baumbestand.

Von allen Eulenarten ist der Waldkauz die nachtaktivste. Andere Eulen jagen eher in der Dämmerung, die Sumpfohreule sogar am helllichten Tag. Der Waldkauz aber liebt die Dunkelheit, und in stockfinsterer Nacht klingt sein Ruf, wenn er von Baum zu Baum fliegt, schon sehr schaurig, auch in Realiter.

Der Ruf ist ein Revier- und Kontaktruf. Männchen und Weibchen verwenden ihn gleichermaßen, um bei ihren nächtlichen Ausflügen in der Dunkelheit in Verbindung zu bleiben. Oft ist es ein eher einsilbiger Schrei, dem ein weiterer, weniger kraftvoller Laut mit Variationen folgt.

Die Schleiereule

Schleiereulen bevorzugen offene Landschaften mit einzeln stehenden, exponierten Gebäuden wie Kirchtürmen und Scheunen zum Brüten, von denen aus sie ihre Beutezüge starten. In der Dämmerung wirken sie wie riesige hell schimmernde Nachtfalter, wenn sie im Schutz von Hecken an Feld- und Straßenrändern entlang jagen, wobei die Männchen ihren markanten Revierruf hören lassen. Das markerschütternde Fauchen, das Schleiereulen bei Gefahr erzeugen, gehört zu den ungewöhnlichsten Lautäußerungen der heimischen Vogelwelt überhaupt. Es klingt so gar nicht nach Vogel, aber als Vogellauscher werden Sie dennoch weniger Grusel als Freude darüber empfinden, dass ein derartig spektakulärer Vogel – von der Färbung des Gefieders über den lautlosen Flug bis zur auffallenden Stimme – die Nähe des Menschen nicht scheut, vorausgesetzt, wir entziehen ihm nicht die Lebensgrundlage, etwa indem wir seine Brutplätze durch Häusersanierungen oder seine Nahrungsquellen (in der Hauptsache Nagetiere) vernichten.

Der Steinkauz

Wie die Schleiereule äußert sich der ruffreudige Steinkauz am liebsten im Halbdunkel. Das Männchen lässt seinen Revierschrei, einen typischen Pfiff, aber auch zu jeder anderen Tageszeit hören.

Neben diesem hat der Steinkauz ein breites Spektrum an Lauten. Manchmal klingt er wie ein kläffender Hund. Auch der Steinkauz ist durch Abnahme der Feldmausdichte (infolge des intensiven Einsatzes von Pestiziden), durch Rodung von Streuobstwiesen und Sanierung und Versiegelung alter Gemäuer auf dem Rückzug.

DIE WINTERDROSSEL

Die Mauser nach der Brutsaison ist überstanden, die Sommergäste sind auf dem Weg in den Süden, der Winter steht vor der Tür – für Sie als Vogellauscher ist es nun schon der zweite. Inzwischen erkennen Sie das Rotkehlchen, das mit runderneuertem Prachtkleid sein Winterrevier einrichtet, an seinem Lied und nehmen als Vogellauscher aktiv am Wechselspiel der Jahreszeiten teil.

An sonnigen Tagen hören Sie den Zaunkönig und die Heckenbraunelle und nehmen die Vogelversammlung wahr, die die Schwanzmeisen einberufen – als ein munteres Gezwitscher über Ihrem Kopf. Der schrille Ruf des Buntspechts lässt den Blick nach oben wandern, wo er in Wellenbewegung von einem Baum zum anderen wechselt.

Als versierter Vogellauscher nehmen Sie auch andere Rufe wahr. Rufe, die Sie bisher noch nicht gehört haben, weder im ersten Frühling Ihres Lernprozesses noch in den stilleren Sommermonaten danach. Manchmal handelt es sich dabei um Vögel, die hier nur sporadisch erscheinen. Es sind Zieher, die vor dem rauen, eisigen skandinavischen Winter fliehen, Wintergäste also (so wie die Fitisse der Kälte bei uns entfliehen und südlich der Sahara überwintern).

Die Wacholderdrossel

Es gibt zwei Winterdrosselarten, die in den kalten Monaten bei uns überwintern. Gelegentlich sieht man sie als Einzelgänger oder als Pärchen, aber meistens sind sie in Trupps unterwegs. Wacholderdrosseln sind hübsche Vögel und leicht zu erkennen, wenn sie auffliegen und dabei ihre schwarzen Schwanzfedern zeigen. Aber in der Regel hat man sie zuvor bereits anhand ihres leicht quakenden Rufs identifiziert. Denn der ertönt andauernd: So halten sie zueinander Kontakt. Der Quak-Ruf ist dreisilbig, manchmal auch einsilbig, und manchmal ertönt er viele Male, wenn die Vögel sehr aufgeregt sind. Der Ruf erinnert gerade so viel an eine Ente, dass man ihn deshalb gut erkennen kann, mit dem Quaken einer Ente würde man ihn aber nicht verwechseln. Sie stoßen ihn während des Flugs aus, wenn sie in Bäumen sitzen oder am Boden auf offenen Flächen nach Nahrung suchen.

Die Rotdrossel

Die andere Winterdrossel ist die Rotdrossel. Im Oktober hört man manchmal aus der Luft einen hohen, dünnen Ruf, gelegentlich vermischt mit einem leichten Triller. Wenn die Rotdrosseln kommen, ist der Winter auf dem Vormarsch. Sie bleiben hier, bis der Frühling sie wieder in Richtung Norden treibt. Wenn die Rotdrosseln ziehen, wird es für Sie Zeit, sich auf den zweiten Frühling als Vogellauscher vorzubereiten.

VENEDIG

Nun geht es wieder los. Während der Frühling immer deutlicher zu spüren ist, hören Sie einen schneidenden, zweisilbigen Ton – so klang das im letzten Frühling aber nicht, oder doch? Sie wissen, dass es sich um eine Kohlmeise handelt. Sie haben ja auch schon auf sie gewartet und haben sie aus dem Chor der Vogelstimmen und all den Hintergrundgeräuschen herausgehört. Sie haben sie wahrgenommen, Ihre Ohren sind auf die Klänge der Natur eingestellt. Sie kennen die Bedeutung der Vogellieder und -rufe und sind in der Lage, verschiedene Arten zu identifizieren. Sie erleben das Phänomen Frühling wie nie zuvor. In diesem zweiten Frühling werden Sie erfahren, dass das Lauschen auf Vogelstimmen Sie nicht nur zu einem besseren Vogelbeobachter gemacht, sondern auch Ihr Leben in vielerlei Hinsicht bereichert hat.

An meinen eigenen zweiten Frühling als Vogellauscher kann ich mich noch gut erinnern. Eine aufregende Zeit: Einerseits ist man stolz, Vogelstimmen, die man im letzten Jahr gelernt hat, wiederzuerkennen, andererseits freut man sich über die Fähigkeit, Vögel zu entdecken, die man noch nicht kennt.

Vielleicht sollte ich das noch etwas näher ausführen. Wenn Sie nun eine neue, Ihnen unbekannte Vogelstimme hören, ist das nicht mehr demotivierend, sondern hat eine positive Bedeutung bekommen. Denn es heißt, dass Sie Stimmen unterscheiden können und eine weitere Vogelart herausgehört haben, auch wenn sie Ihnen noch unbekannt ist. Das ist erfreulich, weil das Bewusstsein einer größeren Artenvielfalt Ihr Leben bereichert, darüber hinaus, weil Sie den neuen, unbekannten Vogel nachschlagen, seine Stimme lernen und somit Ihr Wissen erweitern können.

Überdies wartet noch ein kleines Wunder auf Sie. Denn für Sie fängt der Frühling nun früher an als sonst. Ihnen entgeht jetzt nicht mehr, dass die mutigen Pioniervögel ihre Stimme trotz der Kälte in den ersten Wochen des neuen Jahres erheben. Sie werden entdecken, dass die Vertrautheit mit Zaunkönigen und Heckenbraunellen und Kohlmeisen dem Frühling eine neue Dimension verleiht: Aus dem passiven Zuschauer des Schauspiels Frühling ist ein aktiver Beobachter geworden.

Das, was Sie im vorangegangenen Frühling gelernt haben, ermöglicht Ihnen nun, noch genauer hinzuhören und noch mehr herauszuhören. Sie werden merken, dass Sie den Liedern nicht mehr nur lauschen, um den Vogel zu identifizieren, sondern auch aus purer Freude am Lied.

Die Singdrossel mischt sich ein mit ihren Improvisationen und ihrer sorglosen Begeisterung, die sie immer und immer wieder vorträgt. Sie werden mit noch größerer Wertschätzung hinhören, vielleicht sogar mit einem tieferen Verständnis, und die Vielseitigkeit und enorme Bandbreite dieses Gesangs wahrnehmen, und das alles ohne Mühe und theoretisches Wissen.

Lassen Sie sich von mir auch durch Ihren zweiten Frühling als Vogellauscher begleiten. Das Gefühl, wenn man einen Ort zum ersten Mal besucht, kann überwältigend sein, manchmal ist es auch fast zu viel: Ein Ort wie Venedig etwa haut einen um – die großartige Pracht des Canal Grande, die überwältigende Kunst, die herrlichen Plätze, die grandiosen, düsteren Gassen. Alles zu viel auf einmal. Eine wunderbar vielfältige Erfahrung, aber es ist schier unmöglich, alle Eindrücke zu verarbeiten, geschweige denn sich daran zu erinnern, was man alles gesehen und welche Plätze man besucht hat.

Ihre zweite Venedig-Reise wird dann schon ganz anders sein, und vielleicht wird es die beste Reise sein, die Sie jemals machen werden. Es gibt immer noch Neues und Erstaunliches zu entdecken, aber gepaart mit einer Vertrautheit, als würde die Stadt einem gehören. Sie hören sich dann Sätze sagen wie: Hier haben wir das letzte Mal etwas getrunken, das sollten wir wieder tun! Wollen wir wieder die kleine Kapelle mit den herrlichen Werken Vittore Carpaccios besuchen und den wunderbaren Spaziergang auf der Promenade Zattere machen? Gleichzeitig fehlt die Dimension des Entdeckens nicht – Sie wussten zwar schon, dass es großartig sein würde, aber gleich so großartig …? Inmitten all dieser Vertrautheit gibt es immer wieder etwas Neues zu entdecken, und damit entsteht auch das Gefühl, dass die Stadt mehr zu bieten hat, als man jemals aufnehmen kann, dass Venedig ein Ort der scheinbar unbegrenzten Perspektiven ist.

Der zweite Frühling als Vogellauscher ist ein wenig wie die zweite Venedig-Reise: Das Staunen über das Neue und der Stolz über die gewachsene Vertrautheit bilden dabei eine perfekte Mischung. Das bedeutet nun keineswegs, dass nachfolgende Reisen weniger lohnend sind – weder nach Venedig noch in die Welt der Vogelstimmen –, nur erlebt man diese besondere Mischung aus Neu und Vertraut bei der zweiten Reise am intensivsten. Genießen Sie Ihren zweiten Frühling als Vogellauscher, und erfreuen Sie sich an bekannten wie neuen Vögeln. Am Ende dieser herrlichen Zeit werden Sie unwiderruflich Experte sein. Also, hören Sie hin.

DIE MISTELDROSSEL

Der vielleicht beste Vogel meines zweiten Frühlings war gleich der erste neue. Ich erinnere mich noch gut daran, dass ich das Lied auf den Feldern in Suffolk von einer hohen Eiche mit weit verzweigter Krone auf mich herabrieseln hörte. Amsel, dachte ich, und hielt kurz inne, wie es Vogellauscher im zweiten Frühling eben tun. Nein, keine verflixte Amsel, oder? Zuhören! Zuhören!

Und so entdeckte ich, dass das vermeintliche Lied einer Amsel zu schnell war für eine Amsel, die Strophen zu kurz und das Ganze eigentlich überhaupt nichts mit einer Amsel zu tun hatte. Das Lied hatte eine völlig andere Qualität: Es klang nicht lasziv, nicht entspannt und nicht mal ansatzweise nach Müßiggang. Es war erheblich wilder als das Lied der Amsel, wild und irgendwie auch ehrgeizig, überheblich, verwegen. Vielleicht lag es daran, dass das Lied so früh im Jahr ertönte. Denn die Misteldrossel – um die es sich handelte – ist im Frühling einer der ersten Sänger, die ihre Stimme hören lassen. Häufig wird ihr Lied mit dem Pfeifen des Dudelsacks verglichen, was auch stimmt, solange man nicht erwartet, dass es endlos ertönt – denn darin liegt der Unterschied zum Dudelsack, der einen Dauerton erzeugt.

Nein, das Lied der Misteldrossel setzt sich aus kurzen, melodiösen Strophen zusammen, die der Vogel mit immensem Einsatz in die Welt hinausposaunt: ein Ruf, mit dem sie nicht nur Rivalen auffordert, sich vom Acker zu machen, sondern auch den Winter in seine Schranken weist. Im Englischen wird die Misteldrossel auch *stormcock* (Sturmhahn) genannt, weil sie ihren Gesang selbst unter erschwerten Bedingungen nicht einstellt. Wenn an einem Frühlingstag die Sonne unerwartet heiß auf die Erde brennt, fühlt sich die Misteldrossel dennoch verpflichtet, ihr Lied anzustimmen.

Manchmal ist sie gar so übermütig, dass sie schon vor dem Jahreswechsel zu singen beginnt. Das Lied der Misteldrossel wurde sogar vor Weihnachten, ja im November gehört.

Misteldrosseln können es kaum erwarten. Sie sind voller Testosteron und erpicht darauf, ihre Lieder zu schmettern. Alle frühen Sänger sind eine besondere Freude für den Vogellauscher. Man bewundert ihren Mut und ist dankbar für ihr Versprechen, dass bessere Zeiten bevorstehen. Von all diesen Sängern ist die Misteldrossel zweifelsohne der lauteste und wildeste.

Misteldrosseln mögen einen gewissen Lärmpegel um sich herum. Sie erzeugen einen lauten, unmissverständlichen Warnruf, der an eine Ratsche erinnert. Aber vielleicht ist dieser Vergleich nicht wirklich zutreffend. Denn ein trockenes, schrilles Rasseln, eindringlich, emotional und ziemlich aggressiv, so oder so ähnlich klingt ihr Ruf, mit dem sie eine Nahrungsquelle gegen andere Vögel verteidigen. Sie lassen ihn auch rund um ihren Brutplatz ertönen, was ziemlich eindrucksvoll wirkt. Misteldrosseln sind große, quirlige Vögel und absolut furchtlos. Wenn eine Elster sich in die Nähe des Drosselnestes wagt, um nach Eiern oder Küken Ausschau zu halten, überlegt die Drossel nicht lang und greift den Eindringling sofort an. Meist zu zweit, wie verrückt rasselnd und im Sturzflug, so lange, bis der Feind in die Flucht geschlagen ist. Da hätte man gerne selbst eine Ratsche, um die vermeintlich unterlegene, tapfere Drossel anzufeuern und gegen die räuberische Elster zu unterstützen und diese mit wüsten Beschimpfungen zu traktieren.

DER STAR

Stare singen genauso wie all die Vögel, die Sie schon kennengelernt haben, und noch einige weitere. Das machen sie absichtlich, denn Stare imitieren die Geräusche und Klänge ihrer Umgebung und verweben sie zu einem eigenen, einmaligen Lied.

Der Star ist einer der spektakulärsten Vögel überhaupt. Sein glänzendes Gefieder ist wunderschön, es schillert schwarz-lila, je nachdem wie das Licht darauf fällt. Die Flugvorführungen der Starenschwärme im Herbst, wenn Millionen Vögel sich zu riesigen Trupps zusammenschließen und lebendige Wolke am Himmel bilden, sind legendär. Stare sind virtuose Nachahmer und Alleinunterhalter. Was ihre Vielseitigkeit angeht, kann ihnen kein anderer Vogel hierzulande das Wasser reichen.

Trotz aller Nachahmung klingen die Stare dennoch wie Stare. Ihr Lied ist lang gedehnt, bedächtig und enthält jede Menge Pfeiftöne und Klicklaute. Dazwischen eingestreut sind allerlei imitierte Lieder und Geräusche, manchmal nur nebenhin, gleichsam fragmentarisch, wie ein Zitat, manchmal in ausgefeilter und vollendeter Form. Zu den Freuden, die der Lernprozess des Vogellauschens mit sich bringt, gehört zweifelsohne auch, den Staren zu lauschen und zu überlegen, welche Vögel sie in ihr Repertoire eingebaut haben. Das Lied der Stare klingt so wie ihr Lebensraum, denn Stare bauen Umgebungsgeräusche, die Klanglandschaft ihres Habitats in ihr Lied ein. Man könnte behaupten, sie tun dies, weil sie Künstler sind. Andererseits tun sie dies auch aus einem anderen Grund, denn je größer das Repertoire des Männchens, desto mehr Sexappeal strahlt es aus und desto attraktiver ist es für die Weibchen – und desto abschreckender für andere Männchen. Wie dem auch sei: Das Konzert sollte man genießen.

Star ♀ Winter
November/Dezember
Star ♂
Frühjahr
März/April
Star Jungvogel
September/Oktober

Interessant ist dabei, dass Stare niemals die Vögel selbst imitieren, sondern nur die Töne, die sie hören. Das hört sich spitzfindig an, ist es aber nicht. Ein Star ahmt die Laute einer entfernten Eule nicht so nach, dass es klingt, als würde sich an einem Ort wirklich eine Eule (und nicht ein Star) befinden. Ein wichtiger Aspekt, den man im Kopf behalten sollte, wenn man versucht, die Töne anderer Vögel aus dem Starenlied herauszuhören.

Stare haben sich auf die Imitation anderer Vögel spezialisiert. Das klappt deshalb, weil sie selbst Vögel sind. Vogelstimmen sind ihnen wichtiger als andere Geräusche und Klänge – ein Beispiel von Vogelchauvinismus oder vielleicht sogar Ornithomorphismus, wenn man so will. Gleichwohl können sie wunderbar auch andere Geräusche und Klänge übernehmen, die ihnen gefallen. Wolfsgeheul ist traditionell Bestandteil des Starenrepertoires, und seit ein paar Jahrzehnten zählt auch der Autoalarm dazu. In Großbritannien imitierten Stare eine Zeit lang „Trimphones", das waren Telefone, die in den 1960er-Jahren auf den Markt kamen und eher wie eine Trillerpfeife klingelten. Offensichtlich gefiel den Staren der Ton, denn sie nahmen ihn in ihr Repertoire auf. Ein echter Vogel imitiert ein Gerät, das einen Vogel imitiert … Als die Trimphones schon längst vom Markt verschwunden waren, lebte der Klingelton noch einige Jahre fort. Die Erinnerung an ihn wurde von den Staren wachgehalten, indem sie ihn an die nächste Generation weitergaben. Allerdings habe ich schon seit Jahren keinen Trimphone-Star mehr gehört, die Tradition scheint abgebrochen zu sein, andere, modernere Töne sind von den kreativen Staren adaptiert worden. Handys erzeugen allerlei interessante Klingeltöne, die Stare gerne in ihr Lied einbauen. Wenn jemand Sie fragt, welcher Klingelton so schön wie ein Vogel klingt, wissen Sie, dass derjenige einen Star gehört hat.

Zahme Stare, also solche, die von Menschen gehalten werden, ahmen sogar Sprachfragmente nach. Plinius brachte seinen Staren lateinische und griechische Redewendungen bei. Seltsamerweise – oder vielleicht gar nicht so seltsam – hat es den Anschein, dass Stare desto weniger lernen, je mehr man versucht, ihnen etwas beizubringen. Offenbar wollen sie selbst entscheiden, ob und welche Klänge für sie interessant oder hilfreich sind. Da bricht zweifelsohne der Künstler in ihnen durch. Amerikanische Wissenschaftler, die mit Staren experimentierten, berichten, dass die Probanden jene Phrasen, die sie am häufigsten hörten – „nein" und „hier etwas Salat" – nie imitierten. Ein Vogel jedoch, der zufällig ein Basketballspiel im Fernsehen verfolgte, übernahm ohne Weiteres den Schlachtruf *defence, defence*. Ein anderer hatte erstaunlicherweise *basic research* (Grundlagenforschung) in seinen Wortschatz aufgenommen.

LERNEN

Kein Star wird mit der Fähigkeit geboren, ein Trimphone zu imitieren oder *basic research* zu sagen. Um das herauszufinden, braucht es keine aufwändige Grundlagenforschung. Stare eignen sich diese Fähigkeit im Laufe ihres Lebens an. Oder anders gesagt: Sie lernen es. Sie wissen offenbar, wie sie etwas lernen.

Es gibt so manche Verhaltensweisen – sowohl bei Vögeln als auch bei Menschen –, die instinktiv oder angeboren sind oder zu sein scheinen. Und es gibt andere – sowohl bei Vögeln als auch bei Menschen –, die erlernt werden müssen. Die meisten Vögeln müssen das Singen erst lernen. Vögel, die in Abgeschiedenheit aufwachsen, also andere Vögel nicht singen hören, werden in der Regel nicht im Stande sein, richtig zu singen.

Und somit befinden wir uns urplötzlich im furchterregenden Dschungel der Wissenschaft. Die hitzigen Debatten darüber, was beim Vogelgesang erlernt und was angeboren ist, katapultieren uns mitten in die Anlage-und-Umwelt-Debatte und in die faszinierende Annahme, dass diese uns eine falsche Dualität vorgaukelt und die Umwelt nötig ist, um das Angeborene zu aktivieren, was beides unlöslich miteinander verbinden würde.

So stellte man beispielsweise fest, dass manche in Isolation aufgewachsene Vögel trotzdem ein gewisses Gesangsrepertoire aufbauen konnten – allerdings nur etwa ein Drittel des Repertoires eines in freier Wildbahn aufgewachsenen Artgenossen. Bei Arten, deren wilde Vertreter ein großes Repertoire haben, werden auch in Abgeschiedenheit aufgewachsene Vögel der gleichen Art ein größeres Repertoire besitzen als in Abgeschiedenheit aufgewachsene Vögel mit einem kleineren Repertoire.

Manche Verhaltensweisen scheinen eher angeboren zu sein, andere eher anerzogen.

Auch Vögel, die in ihrer natürlichen Umgebung aufwachsen, sind nicht sofort in der Lage zu singen. Keineswegs geben sie von Anfang an ein perfektes, ihrer Art gemäßes Lied von sich. Sie müssen erst üben. Das Lautbildungsorgan des Vogels (Syrinx oder Stimmkopf) ist ein kompliziertes Gebilde, und es richtig und gekonnt zu verwenden, stellt eine große Herausforderung dar. Das ist auch der Grund dafür, dass man gelegentlich einen Vogel hört, der sehr leise singt, eher summt. Das macht er jedoch nicht aus reinem Zeitvertreib, ganz im Gegenteil. Er meint es ernst: Wahrscheinlich ist es ein Jungvogel, der gerade singen lernt. Ist es aber ein erfahrener Vogel, dann übt er gerade, lernt etwas neu und bereitet sich vor. Dieser sogenannte Subsong ertönt, ohne damit ein Ziel zu verfolgen. Der Übergang vom Subsong zum Vollgesang geht mit einem plötzlichen Anstieg von Testosteron einher.

Erst im zunehmenden Alter stabilisiert sich das Lied des Vogels. Ein Sänger mit großem Repertoire baut erst eine Basisbibliothek aus Klängen und Lauten auf, die er anschließend erweitert, während er anderen Vögeln zuhört und in der Welt herumkommt. So wird er auch lernen, was Weibchen bevorzugen. Vögel, die gerne Klänge nachahmen, erweitern ihr Spektrum im Laufe der Zeit kontinuierlich. So wird von einer Amsel berichtet, die die Pfeife eines Hirten imitierte, der damit seinen Hund herberief. Als man dem Hund den – zuvor aufgenommenen – Pfiff der Amsel vorspielte, gehorchte er prompt.

Der weltbeste Nachahmer ist wohl der australische Fleckenlaubenvogel. Ein Vertreter dieser Art vermischte das Bellen von Hunden, das Gestampfe von Vieh, wenn es durch den Busch trabt, das

Splittern von Holz, wenn ein Holzfäller seine Axt einsetzt, und den Krach, den Emus erzeugen, die einen Stacheldrahtzaun durchbrechen wollen.

Vögel lernen – natürlich tun sie das: Schließlich geht es hier um Leben und Tod.

MOZARTS STAR

Mozart hörte einen Star ein Fragment aus seinem Klavierkonzert in G-Dur KV 453 pfeifen. Er kaufte den Star und notierte die Details des Ankaufs in seinem Ausgabenbuch. Dort hielt er auch die Musik fest, die der Vogel sang. Es war eine erstaunliche Vorstellung, die der Star darbot, denn das Konzert war an dem entsprechenden Tag, dem 27. Mai 1784, noch gar nicht veröffentlicht worden. Es gab nur zwei Menschen, die die Melodie kannten: Mozart und seine Schülerin, für die er das Konzert komponiert hatte. Mozart pfiff gerne, auch in der Öffentlichkeit, und hatte den Tierladen schon einmal besucht. Deshalb könnte es sein, dass der Star Mozarts Pfeifen gehört hatte, ihm die Töne gefielen und er sie in sein Repertoire aufnahm. Vielleicht war es auch die Schülerin.

Mozart schrieb, dass der Star nicht nur seine Musik erlernt, sondern sie sogar verändert habe. „Aus einem natürlichen g-Moll wurde ein gis-Moll, was das Lied klingen ließ, als sei es seiner Zeit um Jahrhunderte voraus“, schrieb der Musiker und Vogelstimmenbegeisterte David Rothenberg.[15]

Der Vogel starb drei Jahre später. Mozart hielt mit Gästen in Trauerkleidung eine Begräbnisfeier für ihn ab und trug einige selbst verfasste Zeilen vor:

Hier ruht ein lieber Narr,
Ein Vogel Staar.
Noch in den besten Jahren

15 David Rothenberg: Warum Vögel singen. Eine musikalische Spurensuche, Heidelberg 2007.

Mußt' er erfahren
Des Todes bittern Schmerz.

Das Ereignis kam nicht so gut an in der Öffentlichkeit. Denn das Begräbnis erfolgte in der gleichen Woche, in der auch Mozarts Vater starb. Manche sahen darin einen Beweis für Mozarts Unreife und seinen Hang zum Kindischen. Aber vielleicht tat man Mozart damit unrecht. Er mochte den Star womöglich nicht nur aus sentimentalen Gründen. Vielleicht bewunderte er ihn als Musikerkollegen, vielleicht – und das ist nicht scherzhaft oder ironisch gemeint – liebte er den Star sogar aufrichtig wegen dessen angeborener und erlernter Virtuosität und Kreativität. Und vielleicht ließ sich Mozart auf der Suche nach neuem Material von seinem Star und seinen langen, frei fließenden, etwas unstrukturierten Versen sogar, wer weiß, inspirieren.

Rothenberg behauptet genau dies, nämlich dass Mozart sich für sein Kammerstück KV 522, „Ein musikalischer Spaß", Anregung von dem Star holte. „Nachdem er einen Star gehört hatte, der eine seiner Melodien erlernt hatte, schrieb Mozart ein Stück, wofür er sich von dem zerfahrenen, wenig klassischen und nichtmenschlichen musikalischen Verständnis, das das Lied des Stars kennzeichnet, inspirieren ließ." Die Kadenz nach dem Andante cantabile sei nicht mehr und nicht weniger das Lied eines Stares. Das ist nicht einfach Mozart, der im Zuge seiner mühelosen Virtuosität einen Star imitiert, hier wird einem Star zugestanden, nicht nur den Klang, sondern auch die Struktur des Stücks vorzugeben. Der Star als Ko-Komponist, der somit die gleiche Würdigung verdiente wie Wolfgang Amadeus Mozart.

DAS WINTERGOLDHÄHNCHEN

Dieser Vogel markiert einen Wendepunkt im Leben eines Vogellauschers: Wer das Problem, das dieser Vogel aufwirft, gelöst hat, hat den Test bestanden. Sonderlich schwierig ist dieses Problem allerdings nicht, denn das Lied ist unverkennbar, der Vogel weit verbreitet und leicht zu entdecken. Aber die Art des Liedes ist dafür verantwortlich, dass ein unerfahrener Zuhörer es oft nicht wahrnimmt. Er ignoriert es nicht einfach nur, nein, er hört es schlichtweg nicht. Wer Wintergoldhähnchen lauschen will, braucht dazu eine kleine, aber essenzielle psychische Justierung – er muss die Fähigkeit entwickelt haben, Vögeln zuzuhören. Mit anderen Worten: Nur Vogellauscher hören Wintergoldhähnchen.

Wer einmal so weit ist, wird überall Wintergoldhähnchen wahrnehmen. Diese kleinen quirligen Vögel bewegen sich hoch oben in den Bäumen, Futterhäuschen meiden sie eher. Das macht es schwer, sie zu Gesicht zu bekommen. Deshalb haben wir sie nicht so bewusst auf dem Schirm wie etwa Rotkehlchen. Um sich ihr Lied einzuprägen, braucht es eine Weile. Es setzt sich aus ganz hohen Tönen zusammen – und zwar so hoch, dass Vogelbeobachter in fortgeschrittenem Alter, wenn das Ohr Frequenzen in diesem Bereich nicht mehr sehr gut wahrnimmt, sie irgendwann nicht mehr hören. Ältere Vogelbeobachter vermissen das hohe, leise Lied des Wintergoldhähnchens als Erstes.

Dabei bringen Wintergoldhähnchen ihr Lied bereits zeitig im Frühjahr zu Gehör, vor allem bei schönem Wetter. Stellen Sie sich unter einen großen Baum, vorzugsweise einen Nadelbaum, und lauschen Sie aufmerksam dem Sänger mit der Falsettstimme, seinen hohen, schnellen, rhythmischen Tönen. Das Lied klingt im Grunde genauso, wie man es von einem so kleinen Vogel erwarten würde.

Es beginnt ein paar Sekunden mit ein paar kurzen, heftigen Tönen, dann folgt ein schlitternder Lauf mit abschließendem Schnörkel, dem kurz darauf in der Regel ein weiterer folgt. Das Lied klingt in etwa immer gleich: Diesem Sänger ist mehr an typischen als an originellen Klängen gelegen, wenngleich ich gelesen habe, dass die abschließenden Schnörkel von Vogel zu Vogel verschieden sein sollen.

Das Lied des Wintergoldhähnchens erinnert mich an ein Feuerwerk, das zuerst einen Regen von goldenen Funken erzeugt und dann … Ende. Nichts im Vergleich zu den lauten Böllern, die andere, spektakulärere Sänger erzeugen. Und dennoch lieben Wintergoldhähnchen es zu singen, im Frühling fechten sie regelrechte Gesangsduelle mit Rivalen in der Nähe aus. Und ich liebe es, ihnen zuzuhören, vielleicht gerade weil ihr Lied so hoch und dünn ist.

DER GRÜNSPECHT

Im Frühling vernimmt man ab und an ein gellendes, irgendwie exotisch klingendes Lachen, als ob sich Vögel aus dem tropischen Regenwald zu uns verirrt hätten. Es ist aber ein typischer Klang dieser Jahreszeit und stammt vom Grünspecht. Diese Art hat es nicht so mit dem Klopfen, im Gegensatz zum Buntspecht, der ein virtuoser Schlagzeuger ist. Das Klopfen des Grünspechts klingt eher zaghaft, seine eigentliche Stärke ist das Lachen.

Es ist ein sehr variables, geradezu manisches Lachen mit einer wechselnden Anzahl von „Ha-Has“ und „Ho-Hos“. Am Ende der Lachsalve ebbt es jeweils ab und verändert sich auch leicht in der Tonlage. Vielleicht kann man es auch so umschreiben: Es klingt, wie wenn sich ein Mann aus Angst vor einem Verbrecher in seiner Wohnung verschanzt, die Tür abschließt, das Fenster verriegelt, die Vorhänge zuzieht, und dann eine Stimme vernimmt: „Jetzt sind wir zusammen eingesperrt“, worauf das Gelächter eines Wahnsinnigen folgt …

Die Variationen und unterschiedlichen Längen des Gelächters haben unterschiedliche Funktionen: Lange Rufe sollen Aufmerksamkeit erregen, werden also in der Balz verwendet, die kürzeren, oft dreisilbigen Lachrufe sind Ausdruck von Erregung und dienen der Warnung.

Das Lachen des Grünspechts hört man vor allem in offenen Landschaften, in Bodennähe, was irgendwie seltsam erscheint, da der Vogel schließlich ein Specht ist. Der Grund aber ist einfach: Auf dem Speiseplan des Grünspechts stehen vor allem Ameisen. Am Boden bewegt er sich, um mit seinem Schnabel und seiner langen Zunge Ameisennester auszuheben.

Nicht nur durch ihr Lachen, auch durch ihr grünes Gefieder und die hellgelben Bürzelfedern sind die Vögel sehr auffällig. Richard Mabey meint, Grünspechte ähnelten im Flug kleinen Drachen.[16] Ein Vergleich, der treffender nicht sein könnte und an den ich jedes Mal denken muss, wenn ich einen Grünspecht fliegen sehe und sein Lachen höre.

16 Richard Mabey: Die Heilkraft der Natur, Berlin 2018.

PORTRÄT EINES KÜNSTLERS

Weiter oben habe ich geschrieben, dass Stare Künstler sind. Habe ich da nur einen Scherz gemacht, war das lediglich Spaß? Habe ich den Begriff verwendet, um den Charakter des Vogels zu beschreiben, ohne es allzu wörtlich zu meinen? Habe ich sagen wollen, dass der Vogel eine Art Künstler ist? Oder meinte ich, dass der Vogel ein kreatives Geschöpf ist, das ganz bewusst sich selbst und seine Umgebung ausdrücken möchte? Ein Lebewesen, das ganz bewusst Musik macht?

Bei allen diesen Fragen bin ich mir bei den Antworten nicht 100 Prozent sicher. Ich glaube nicht, dass man einen Star zu einer spätabendlichen Fernsehtalkshow über Kunst einladen könnte: „Das Ziel meiner Musik ist es, all jene Klänge zusammenzufassen, die in meiner Landschaft ertönen. Als Vogel inkludiere ich von Haus aus Stimmen zahlreicher anderer Vogelarten in meine Musik, habe aber das Gefühl, dass ich mit der Hereinnahme anderer Klänge und Geräusche, auch solcher, die ihr Menschen macht, zu einer Art artenübergreifendem Verständnis beitragen kann. Und genau darum geht es in meiner Kunst: auch Wesen über die Grenzen meiner Art hinweg – sprich in anderen Familien, Ordnungen und sogar Klassen – zu erreichen. Als Singer-Songwriter sehe ich es als meine Aufgabe an, andere Wirbeltiere zu erreichen – Wirbeltiere wie euch, Säugetiere, Menschen – und somit die essenzielle Wahrheit des Lebens zu untermauern: Wir leben alle auf diesem einen Planeten und sind seinen Gesetzen unterworfen."

David Rothenberg, der in seinem oben zitierten Buch „Warum Vögel singen" von Mozarts Star berichtet hatte, machte einen etwas enttäuschten Eindruck, als er mich bei mir zu Hause besuchte. Er war gerade dabei, eine Fernsehsendung gleichen Titels auf die Beine zu stellen. Als Jazz-Klarinettist hatte er schon oft im National Aviary in Pittsburgh mit Vögeln „kommuniziert". Die Vögel antworteten auf seine Musik, und so kam es, dass auch er als Musiker anfing, mit seinem Instrument auf die Vögel zu reagieren. Die Vögel passten ihre Lieder an ihn an und er seine Musik an sie, und so entstand eine artenübergreifende Musik, eine Musik zweier Klassen, der Vögel und der Säugetiere.[17]

Als Musiker und auch als Philosoph ist Rothenberg der festen Überzeugung, dass Vögel Musik mögen – einfach so. Er glaubt nicht, dass sich Musikalität nur aufgrund der biologischen Funktion erklären lässt. Seine wichtigste Feststellung: Das Vogellied ist schöner als es sein müsste. Komplexer, bewegender als es nötig wäre, wenn das Vogellied lediglich der Fortpflanzung diente. „Piep-piep": Hier wohne ich. „Piep-piep-piep": Ich warte auf ein Weibchen. „Piep-piep-piep-piep": Ich bin ein toller Typ.

Stattdessen gibt es die Feldlerche, die Musik auf uns niederregnen lässt, bis nichts mehr übrig ist.

Rothenberg war deswegen enttäuscht, weil er mit Wissenschaftlern über sein Thema gesprochen hatte und die ihn überhaupt nicht verstanden hatten. Wissenschaftler geben sich sogar auf ihrem eigenen Fachgebiet immer und ausnahmslos unwissend und sagen: „Ich habe keine Ahnung." Sie sind keineswegs die arroganten Wesen, für die man sie gemeinhin hält. Nur ist Wissenschaft immer auch eine gewisse Denkweise, die es un-

---

17 Interesse? Auf www.whybirdssing.com kann man sich die Musik anhören – faszinierend!

möglich macht, den Blick für andere Denkweisen zu öffnen. Der Ornithologe David Rothenberg sprach zu einfach – das kapierten sie nicht. Sie betrachteten das Ganze, das Rothenberg so beschäftigte, als etwas, was mit ihren eigenen Forschungsstudien auf dem Gebiet der Verhaltensbiologie, in denen sie anerzogene und angeborene Verhaltensweisen erforschten, rein gar nichts zu tun hatte. Die Frage, inwiefern ein Star ein Künstler ist oder nicht, stellt sich ihnen nicht, weil sie nicht ihrer Denkweise entspricht. Für sie hatte die Frage keinerlei Bedeutung. Am Ende waren sie der Meinung, dass Rothenberg nicht nur auf einem völlig anderen Pfad unterwegs war, sondern sich einfach irrte.

Sie bemühten sich nicht, Rothenbergs Idee zu verstehen – enttäuschend für jeden, der glaubt, Wissenschaftler wären objektive Universalgelehrte. Also begaben Rothenberg und ich uns mit einem Kamerateam und zwei Stühlen in ein Wäldchen hinter meinem Haus, setzten uns und lauschten. Das Problem war, dass Rothenberg noch nie mit jemanden draußen im Feld Vogelstimmen gelauscht hatte, der sich damit auskennt, was dazu führte, dass ich ihm jedes Mal, wenn ein Vogel anfing zu singen – sprich alle paar Sekunden – sagte, welcher Vogel es war, wir dann zuhörten und darüber redeten. Als wir das Material für die Fernsehsendung irgendwann im Kasten hatten, blieben wir noch dort, wo wir waren, während die Crew die Ausrüstung zusammenräumte. Wir lauschten den Vögeln, redeten über die Musik der Vögel und die der Menschen.

Ich bin kein Wissenschaftler. Ich bin in zoologischen Themen durchaus bewandert, habe aber nicht gelernt, so zu denken, wie es Forscher tun. Deshalb hatte ich überhaupt kein Problem mit der Vorstellung, dass die Singdrossel, die sich in der Krone einer Eiche in etwa 45 Metern von uns entfernt aufhielt und uns von dort aus mit sorgloser Verzückung berieselte, einfach nur Spaß an ihrer Darbietung hatte. Eine Singdrossel ist ein Sänger mit einem Repertoire. Und das Zusammenstellen eines individuellen Repertoires ist eine kreative Handlung. Ich glaube nicht, dass es ihr dabei lediglich um Sex und Revier geht. Die Singdrossel muss auch Gefallen an ihrem Gesang finden. Für mich ist der Grund für ihren Gesang ganz klar: Sie hat einfach einen Heidenspaß daran, ihrer eigenen Musik zu lauschen.

Dass Vögel singen, hat natürlich mit ihrer biologischen Bestimmung zu tun. Singen ist keineswegs eine Art Nebenbeschäftigung, nicht nur eine Option. Dennoch frage ich mich: Denken Weibchen beim Hören eines Bravourstücks einer männlichen Singdrossel tatsächlich und ausschließlich sofort an das Eierlegen, oder werden sie von der Musik noch in einem anderen Sinne berührt?

Die Wissenschaft wird uns die Antwort auf all diese Fragen in absehbarer Zeit wahrscheinlich nicht liefern – wenngleich vieles darauf hindeutet, dass das Lied der männlichen Nachtigall chemische Prozesse im Gehirn der weiblichen Nachtigall in Gang setzt. Fakt ist, dass die Frage, ob ein Vogel ein Künstler sein kann, kompliziert ist, weil wir dazu neigen zu glauben, dass wir Menschen eine Lebensform sind, die völlig anders ist als alle anderen Lebensformen auf diesem Planeten. Kein Wunder, denn diese Denkweise hat sich über die Jahrtausende hinweg in uns verankert.

Wie wir bereits festgestellt haben, handeln wir Menschen nicht nur aus einem biologischen Trieb heraus, sondern auch weil wir Spaß daran haben, etwas zu tun. Sind wir aber wirklich die Einzigen, die erschaffen, gestalten, schöpfen? Ganze Fernsehsendungen füllen wir damit, unsere biologisch begründeten Vergnügungen zu bejubeln: In Kochsendungen würdigen wir unser Bedürfnis der Nahrungsaufnahme und somit unseren Überlebenstrieb. Wir Menschen sind aber nicht die Einzigen, die die eine nahrhafte Mahlzeit für schmackhafter halten als eine andere – wie jeder weiß, der ein Haustier hat. In vielen Filmen geht es oft nur um biologische Triebe: Der Trieb, einen Partner zu finden, ist die Grundlage zahlreicher Liebeskomödien, und der Trieb, ein Revier oder einen Status zu erwerben und zu verteidigen, ist die Grundlage der meisten Thriller. „Romeo und Julia" und „Macbeth" sind Stücke, in denen es um biologische Triebe geht und darum, wie wir mit ihnen klarkommen – was aber nichts daran ändert, dass es großartige Werke sind.

Die Frage, inwiefern Vögel bewusst musizieren oder ihr Gesang „bloß" dem biologischen Trieb entspringt, ist eigentlich irrelevant. Denn sie machen Musik, und Fakt ist, dass nur Musiker Musik machen. Ob sie ihren Gesang als Musik betrachten oder nicht, ist keine musikalische Frage, sondern eine philosophische, und ich werde den Teufel tun zu behaupten, Vögel wären Philosophen – zumindest nicht heute.

Vögel machen Musik, so viel steht fest, und diese Musik ist allgegenwärtig. Die besten Sänger – aus Sicht der Vögel – bekommen die besten Partner und die besten Reviere. Deshalb lohnt es sich, so gut zu singen, wie man nur kann. Das Leben eines männlichen Sängers ist geprägt vom Bestreben, ein guter Sänger zu werden. Für einen Vogel ist Singen wichtiger als für einen Menschen. Vielleicht könnte man so weit gehen zu sagen, dass Vögel als Künstler engagierter sind, als Menschen es jemals sein können.

Vogelstimmen zu hören, bereitet mir großes Vergnügen, und ich gehe davon aus, dass es Vögeln ebenso großes Vergnügen bereitet, zu singen und dem eigenen Gesang und demjenigen anderer Vögel zu lauschen. Die Definition von Vergnügen ist natürlich sehr komplex, deshalb schließen wir dieses Kapitel mit der Gewissheit: Für Sänger ist Singen erfüllend.

DER STIEGLITZ

Ihre Beliebtheit wurde Stieglitzen fast zum Verhängnis. Die Mischung aus farbenprächtigem Erscheinungsbild und angenehmem Gesang war für den Menschen unwiderstehlich. Zu Abertausenden wurden Stieglitze daher gefangen, manche um als Käfigvögel zu dienen, während andere ausgestopft wurden, zur Zierde von Wohnzimmern. Das erste Programm des britischen Vogelschutzbundes Society for the Protection of Birds – später Royal Society for the Protection of Birds, kurz RSPB – diente der Rettung des Stieglitzes. Das war im späten 19. Jahrhundert. Nicht nur in dieser Sache arbeitete der Vogelschutzbund großartig, sondern auch beim Schutz anderer Tierarten und in anderen Naturschutzangelegenheiten. Wer Vögel gerne beobachtet, sollte überlegen, Mitglied einer vergleichbaren Organisation im eigenen Land zu werden, wie etwa dem Naturschutzbund Deutschland, dem Schweizer Vogelschutz SVS/BirdLife Schweiz oder BirdLife Österreich.

Stieglitze sind die Farbtupfer unserer ländlichen Gebiete: Die Klarheit ihres Gesangs und ihr Erscheinungsbild sind gleichermaßen bezaubernd. Außerdem zählen sie zu den wenigen Ausnahmen von der Regel, dass gute Sänger ein unscheinbares Gefieder haben. Ihre herrlichen schwarz-gelb gemusterten Flügel und die lebhaften, klingelnden Rufe, mit denen sie im Flug mit Artgenossen kommunizieren, machen sie zu besonders anmutigen Vögeln.

Der Gesang von Stieglitzen, die auch Distelfink genannt werden, ist das ganze Jahr hindurch zu hören, aber auch sie strengen sich vor allem im Frühling an. Ihr Lied setzt sich aus einer Reihe von klirrenden und klingelnden Tönen zusammen – goldenen Töne sozusagen, die für mich klingen, als würden sie von winzigen goldenen Instrumenten erzeugt werden. Das Lied eines Stieglitzes drückt Unbekümmertheit aus und wirkt irgendwie sprudelnd, so als müsste der Vogel innerhalb kürzester Zeit eine gewisse Anzahl an Tönen loswerden. Dieses Hastige schmälert die musikalische Qualität des Liedes etwas, aber da es auch den Charme des Vogels ausmacht, ist es kein wirkliches Manko. Das Lied ist voller klarer, lebhafter Elemente – Töne, auf die man in der Lernphase besonders achten sollte. Der Ruf des Stieglitzes ist im Übrigen deutlich rauer als der seines engen Verwandten, des Grünfinken.

Stieglitze zeigen sich vor allem in den Wintermonaten, wenn sie in kleinen Trupps unterwegs sind. Dann hört man ihre Kontaktrufe ständig, am Boden, vom Baum aus und vor allem im Flug. Der Ruf ist klar, fröhlich und besteht aus drei Silben, von denen die mittlere teilweise verschluckt wird.

Hat man sich den Ruf des Stieglitzes einmal eingeprägt, wird es Zeit, dem Lied zu lauschen, nicht nur wegen dessen Heiterkeit, sondern auch um sich mit den wichtigsten Merkmalen vertraut zu machen – übrigens eine bewährte Methode bei allen Vogelstimmen und -liedern, die man lernen möchte, die gerade beim Stieglitz gut funktioniert. Ist einmal klar, wie der Vogel singt, hört man nach und nach alle Klänge heraus, die er erzeugt – übrigens gut geeignet, um Freunde zu beeindrucken. Wenn Sie sagen, dass Sie gerade einen Fitis hören, dann wird nach einem kurzen „Ach ja?“ das Thema gewechselt. Erkennen Sie aber einen Stieglitz und können den anderen auch noch einen zeigen, werden Sie Erstaunen hervorrufen. Wenn Sie einen Stieglitz herbeizaubern können – wie ein Kaninchen aus dem Hut –, dann werden Ihre Freunde Sie für genial halten, glauben Sie mir.

DIE GOLDAMMER

Goldammern sind geradezu ideal zum Vogelstimmenlernen, denn es gibt eine praktische Eselsbrücke: „Wie, wie hab ich dich lieb“, lautet ihr Lied. Ihr Lied ist in offenen Landschaften mit Hecken, die ausreichend Versteckmöglichkeiten bieten, und niedrigen Bäumen oder Sträuchern, die als Singwarten dienen, zu hören. Manchmal lassen sich Goldammern zum Singen auch auf Stromleitungen nieder. Der erste Teil des Rufes, der kontinuierlich an Intensität zunimmt, setzt sich aus einer Abfolge immer schnellerer lieblicher Töne zusammen („Wie, wie hab ich dich …“). Der abschließende Teil, der manchmal auch fehlt, wird eher gepfiffen als gesungen („… lieb“).

Goldammern singen schon an den ersten schönen Tagen des Jahres und hören dann auch nicht mehr so schnell auf. Wer sie also aus dem großen Vogelchor im Frühling noch nicht heraushört, sollte nicht verzweifeln, denn es bleibt noch genug Zeit dafür. Einfach weiter lauschen, dann haben Sie den Gesang der Goldammer sehr wahrscheinlich in Ihrem Repertoire, bevor der Sommer endet.

DER RHYTHMIKER

Mozarts Star leistete seinen Beitrag als Komponist, was zu einem großen Teil auf Mozarts ausgeprägten – wenn auch nicht immer feinsinnigen – Sinn für Humor zurückging. Ganz anders bei Olivier Messiaen, der sich keine, aber auch wirklich keine Scherze erlaubte. Die Vorstellung, Vögel könnten etwas erschaffen, das sich wie menschliche Musik anhört, fand der französische Komponist ganz und gar nicht komisch. Für ihn war es eine extrem bedeutsame Tatsache, dass Vögel Musik in das Leben des Menschen bringen, was er in einer Reihe von Kompositionen entsprechend würdigte.

Messiaen brüstete sich damit, ein besserer Ornithologe zu sein als jeder anderer Komponist und ein besserer Musiker als jeder Ornithologe. Er beschrieb sich selbst als Ornithologen und Rhythmiker. In seinem monumentalen siebenbändigen Werk „Traité de rythme, de couleur et d'ornithologie" transkribierte er zahlreiche Vogellieder in Noten.

Und er hinterließ die Komposition „Catalogue d'oiseaux": „In Zeiten, in denen ich unglücklich war und ich mir meiner Nutzlosigkeit wieder aufs Heftigste klar wurde, schien alle musikalische Sprache auf das Ergebnis geduldiger Experimente reduziert zu sein, ohne dass irgendetwas hinter den ganzen Tönen den immensen Aufwand rechtfertigte – was kann man dann anderes tun, als nach der Wahrheit zu suchen, einem vergessenen Gesicht irgendwo im Wald, in den Wiesen, den Bergen, am Strand – inmitten der Vögel ... die Vögel sind die wahren Künstler – sie sind die wahren Urheber meiner Stücke."

Dieses Werk umfasst über drei Stunden Klaviermusik. Wäre sie nicht mehr als eine Evokation der Landschaft, wäre sie schon herrlich: die Übertragung der Berg- und Waldpanoramen in Klänge, sinnverwirrend wie ein LSD-Trip, ein Prozess, der Synästhetik genannt wird.

Aus diesen Klanglandschaften heraus erheben aber außerdem Vögel ihre Stimme. Wer mit den Vogelstimmen vertraut ist, wird staunen; sie sind exakt und gut erkennbar wiedergegeben, aber nie sklavisch, genauso wenig wie die Nachahmungen von Singdrossel, Amsel und Star sklavisch genau sind. Dieses Werk, das erstmals 1958 aufgeführt wurde, zählt zu meinen Lieblingsstücken: komplex und erhebend, weil es die Welt jenseits der menschlichen so lebendig und zugänglich macht. „Ich bringe die Lieder der Vögel zu jenen, die in Städten leben und sie noch nie gehört haben." Und sogar jene, denen Vogelstimmen vertraut sind, werden sie ganz neu erfahren, wenn sie die grandiosen Mysterien des „Catalogue" hören.

1940, als Kriegsgefangener in Verdun, fing Messiaen an, Vogelmusik zu komponieren – oder mit Vögeln zusammenzuarbeiten, wie er es wahrscheinlich formuliert hätte. Für seinen „Catalogue" verwendete er das zivilisierteste aller Instrumente, das Klavier, das große, sperrige Teil, dem man in Wohnzimmern und Konzertsälen begegnet, und machte es wild, indem er damit Berge, Wälder und Flüsse schuf, die er mit Alpendohlen, Sängern, Eulen, Drosseln und Lerchen bevölkerte.

Als er einmal gefragt wurde, ob seiner Ansicht nach die Natur bestimmte Dinge besser beherrschte als unsere Zivilisation, erwiderte er: „Schwer zu sagen – aber meiner Meinung nach hat die Zivilisation uns verdorben, hat uns die Frische unserer Wahrnehmung genommen."

Ich habe dieses Buch in der Hoffnung geschrieben, dass diejenigen, die es lesen, sich vielleicht ein bisschen von der Zivilisation entfernen, dass sie etwas von der Frische der Wahrnehmung wiedererlangen. Deshalb schlage ich vor, dass Sie „Catalogue" anhören – sozusagen als Würdigung und Lernhilfe.

DER KLEIBER

Wohnen Sie in einer Gegend mit altem Baumbestand, werden Sie womöglich eine weitere angenehme Überraschung erleben, wenn Ihr Vogelstimmenwissen zunimmt. Kleiber sind viel weiter verbreitet, als man gemeinhin glaubt. Sie sind treue Besucher von Futterplätzen und hängen dort kopfüber am Futterhaus. Sie sind hübsch und flott, mit etwas zu viel Kajal um die Augen, und gut daran zu erkennen, dass der Kopf nach unten und der Schwanz nach oben zeigt.

Kleiber singen sehr gerne und zählen zu den besten Pfeifern hierzulande. Sie verwenden die Trillerpfeife eines Schiedsrichters sowie einen lauten, klaren, glatten Pfeifton, und diese beiden vermischen sie nach Belieben. Kleiber sind echte Reviervögel und deshalb auch in den Wintermonaten zu hören. Zu Beginn des Frühlings fangen sie an, ihr Lied zu singen – und das tun sie am liebsten laut und deutlich.

Ihr Ruf trägt ziemlich weit und sticht – wie das auch bei anderen Waldvögeln der Fall ist – aus den Umgebungsgeräuschen und der gedämpften Akustik des Blattwerks hervor. Auch Vögel im Regenwald können sehr laute und unglaublich klare Töne erzeugen, die irgendwo aus der Vegetation erklingen, die das menschliche Auge nicht einmal mit dem besten Fernglas durchdringen kann. Der Kleiber, der sich meistens gut versteckt hoch oben in den Baumkronen aufhält, gibt sein Bestes, um dies in unseren Wäldern, aber auch in Siedlungen, Stadtparks und auf Friedhöfen zu tun, solange sich dort ausreichend alte, große Bäume befinden. Wer einmal einen auf Bäumen lebenden Schiedsrichter ein Foul abpfeifen hört, der hat ihn entdeckt, den Kleiber.

DIE TANNENMEISE

Die Kohlmeise kennen wir, die Blaumeise und auch die Schwanzmeise. Es gibt aber noch eine weitere weitverbreitete Meisenart, die ebenfalls ein unermüdlicher Gast von Futterplätzen ist. Eine, die man sich gut einprägen sollte. Sie haben bestimmt schon mal einen Vogel gehört, von dem Sie sofort wussten, dass es sich dabei um eine Meise handeln muss – nur welche, die Kohlmeise oder die Blaumeise? Der Klang ist nicht herrisch genug für eine Kohlmeise, aber entspricht auch nicht ganz dem einer Blaumeise.

Dann ist es womöglich eine Tannenmeise: die kleinste der gängigen Meisen mit schwarzem Kopf und einem kleinen weißen Fleck am Rücken, was dem Vogel ein dachsähnliches Erscheinungsbild verleiht. Wie wir wissen, sagt die Kohlmeise „Tsi-da tsi-da". Vielleicht ist es hilfreich zu erfahren, dass die Tannenmeise nicht „Tsi-da tsi-da" ruft, sondern „Tsi-da tsi-da tsi-da tsi-da".

Die Tannenmeise klingt, könnte man auch sagen, wie eine aufgedrehte Kohlmeise, ihr Lied ist schneller und die Tonlage höher, als man von einem so kleinen Vogel erwarten würde. Wie es einer Meise gebührt, weist auch das Lied der Tannenmeise zahlreiche Variationen auf. Und wie die anderen Meisen erzeugen auch sie manchmal einfache Laute, die sehr, sehr lang anhalten. Als Familie sind die Meisen eigentlich unverkennbar, was es für den Anfang einfach macht. Doch einmal in der Welche-Meise-ist-das-Phase angelangt, ist es sinnvoll zu wissen, wie groß die diversen Meisen sind. Die Kohlmeise ist groß und deshalb auch lauter und durchdringender als die zwei Verwandten. Die Blaumeise ist von der Größe her die mittlere der drei, außerdem ist ihr Gefieder blauer als das der beiden anderen. Die Tannenmeise ist die kleinste Meise, sie singt dafür am höchsten und fliegt am schnellsten.

Tannenmeise

Und wer das immer noch zu verwirrend findet, sollte sich einfach darüber freuen, dass es so viele Meisen gibt. Den Durchblick zu verlieren ist nur eine andere Art, die Vielfalt zu genießen. Denn Sie hätten niemals gewusst, dass es so viele verschiedene Vogelarten gibt, wenn Sie sich nicht die Mühe gemacht und den Durchblick verloren hätten.

DIE RHYTHMUSGRUPPE

Wer sich schon einmal mit Musik des britischen Komponisten und Musikers Bill Oddie befasst hat, der weiß, dass es da viel um Rhythmus geht. Als wir im Namen der britischen Naturschutzorganisation World Land Trust zusammen eine Sambia-Reise unternahmen – ich als Vorstandsmitglied und Bill als langjähriger Unterstützer –, erlebten wir jede Menge Getrommel.

„Hör dir nur den Rhythmus an!", rief Bill während der Reise ein ums andere Mal begeistert aus. Es waren die Rhythmen – nicht die Melodien –, die ihn faszinierten. Frösche, die wie chinesische Windspiele klingen, Weißstirnspinte (eine Bienenfresser-Art), die sich gegenseitig im Flug etwas zurufen, Langschwanz-Glanzstare, die bei der Nahrungssuche am Boden schwätzen, Grillen, die in die Nacht hinauslärmen – alle da draußen im Buschland haben einen eigenen Rhythmus.

Der straighte Viervierteltakt, die Grundlage der Rockmusik, und der Herzrhythmus, der das Leben eines jeden Säugetiers von Anfang an begleitet, sind das eine. Daneben gibt es natürliche Rhythmen, die schwerer zu fassen sind. Nicht von ungefähr betonte Messiaen, die rhythmische Komplexität in seinem der Natur nachempfundenen Werk „Catalogue" sei das eigentlich Außergewöhnliche daran.

Vögel sind Musiker, und jede Musik besteht aus Rhythmus, manchmal unregelmäßig, zerfahren, schwer fassbar – wie im endlosen Lied der Feldlerche; manchmal sinnfällig und prägend – etwa bei der Singdrossel und ihren markanten Wiederholungen; und zuweilen hat der Rhythmus etwas Zufälliges – im Zwitschern der Spatzen auf den Dächern, im Quaken der Wacholderdrosseln, im Kreischen der Lachmöwen auf einer Mülldeponie hört man eigentlich keinen Rhythmus, jedenfalls keinen, zu dem man im Takt mit den Füßen mitstampft.

Haben Vögel ein Rhythmusbewusstsein? Reagieren sie auf den Rhythmus der Klänge, die sie zusammen produzieren? Für uns Menschen ist der Rhythmus eine hilfreiche Sache beim Erlernen, Verstehen und Hören, als Säugetiere besitzen wir einen ausgeprägten Sinn dafür. Was der Rhythmus für die Vögel, für Frösche oder Grillen bedeutet, lässt sich nicht mit Sicherheit sagen. Aber alle Lebewesen, die absichtlich Klänge und Laute produzieren, reagieren auch auf sie. Sonst gäbe es keinen plausiblen Grund dafür, sie zu erzeugen. Eine Reaktion, die im weitesten – und oft genug auch im engsten – Sinne des Wortes Rhythmus ist, scheint mir eine natürliche Methode zu sein, mit anderen Lebewesen, in erster Linie solchen der gleichen Art, zu kommunizieren. Deshalb glaube ich, dass die Idee hinter dem Rhythmus möglicherweise die ist, dem Menschen als Tool beim Lauschen der Vögel zu dienen.

Ich erinnere mich an eine Naturdokumentation von Bill Oddie, als er einem Wachtelkönig lauscht. Das ist jener Vogel, der seinen eigenen wissenschaftlichen Namen sagen kann, *Crex crex.* Bill fing an, den „Donauwalzer“ zu summen:

Da dada da dum –
[worauf der Vogel einstieg] Crex crex! Crex crex!
Da dada da dum –
Crex crex! Crex crex!

Der Rhythmus des Lebens.

DIE BACHSTELZE

In London höre ich Bachstelzen regelmäßig am Ufer der Themse. Ich wohne immer in Mortlake, unweit der Ziellinie des „Boat Race“, der weltberühmten jährlichen Ruderregatta, die die Teams der Universitäten von Oxford und Cambridge bestreiten. Bis kurz vor der Chiswick Bridge geben die Ruderteams alles, dann lassen sie ihre Boote völlig erschöpft und mit gequältem Gesichtsausdruck – vermischt entweder mit Siegerfreude oder mit Enttäuschung – durch den mittleren Bogen gleiten.

Chiswick! Das ist genau das, was die Bachstelze ruft. Ich habe mal beobachtet, wie eine genau zu dem Zeitpunkt über die Brücke flog, als die Ruderer eintrudelten, und dabei „Chiswick“ verkündete.

Bachstelzen sagen das aber nicht nur an der Themse, wenn die Ruderer eintreffen, sondern auch überall sonst, um mit ihrem Partner in Kontakt zu bleiben. Sie rufen gerne im Flug, meistens beim Aufsteigen oder Landen. Der Ruf besteht aus zwei klaren, fröhlichen Silben, so beschwingt wie der lebhafte Flug des Vogels. Bachstelzen haben nicht das, was man gemeinhin ein Lied nennt, aber sie erweitern ihr „Chiswick“-Thema gerne mit ein paar Variationen. Wer den Ruf der Bachstelze verinnerlicht hat, kann problemlos das restliche Repertoire heraushören. Bachstelzen sind heitere, lebhafte kleine Vögel, und ihr einfaches Repertoire passt ausgezeichnet zur Heiterkeit der Welt.

DER WIESENPIEPER

Achtung: Hier folgt eine der eher öden Basislektionen, für die Sie mir später aber danken werden, vor allem wenn Sie sich wirklich konzentrieren. Außerdem gibt es hier gleich noch einen großartigen Bonus. Zunächst sollten Sie sich jedoch die Stimme des Wiesenpiepers einprägen. Wenn Ihnen das nicht gelingt, werden Sie in offenen Landschaften – Marschen, Deiche, Moore, Feuchtwiesen – immer wieder verwirrt sein.

Wiesenpieper hört man dort mitunter immer und überall. Es ist aber wichtig, ihre Stimme genau zu kennen, weil Sie sonst andere Vögel in diesen Biotopen überhören werden. Die meisten kleinen braunen Vögel, die Sie dort sichten, sind Wiesenpieper. Aber eben nicht alle. Der Wiesenpieperruf ist die einzige Möglichkeit, sie voneinander zu unterscheiden.

Ihr Standardruf lautet „Pipiet", aber die meiste Zeit sagen sie nur „Piep". Ihr Warnruf ist etwas höher und ertönt meistens im Flug, wenn sie vor Ihnen fliehen. Diesen Ruf sollten Sie kennen.

Wiesenpieper sind keine besonders guten Sänger, ihr Lied ist ziemlich gewöhnlich, nicht besonders melodiös, aber durchaus rhythmisch, indem sie gekonnt einige Piepser untermischen. Aber – und hier kommt der Bonus – ab und an ertönt im Frühling ihr „Fluglied". Dann werden die Piepser leidenschaftlicher und engagierter vorgetragen, während sich der Vogel dabei hoch in die Luft schraubt. Nach dem ganzen Bohei senkt er sich wie ein Federball langsam auf die Erde zurück.

Das ist eine außergewöhnliche, bühnenreife Aufführung eines Vogels, der eigentlich überhaupt nicht außergewöhnlich ist. Es scheint auf den ersten Blick total verrückt, sich vorbeifliegenden Greifvögeln quasi wie auf einem Präsentierteller auszuliefern. Es wirkt so, als wollte der Vogel absichtlich alle Sperber der Region provozieren. Doch offenbar bedarf es dieser Veranstaltung, dieses Aufwands und dieser Sorglosigkeit, um das Herz eines Weibchens zu gewinnen und potenzielle Rivalen davon zu überzeugen, dass sie besser etwas Abstand halten.

Alle Vögel können spektakulär sein, auch – oder vielleicht vor allem – die unscheinbaren, wenn man ihnen nur genau zuhört. Wiesenpieper sind, sowohl was ihr Erscheinungsbild als auch ihr Lied angeht, ziemlich langweilig, aber einmal im Jahr laufen sie zu Höchstform auf und bescheren uns einen der aufregendsten Momente des Vogeljahres.

DER FASAN UND DAS REBHUHN

Auch bei Fasan und Rebhuhn lohnt sich das Einprägen ihrer Stimmen. Auch sie sind (was das Rebhuhn angeht: waren) in ländlichen Gegenden allgegenwärtig. Sie müssen doch wissen, mit wem Sie es zu tun haben, wenn Sie auf dem Land unterwegs sind. Allein in Großbritannien setzen Jäger alljährlich 40 Millionen Fasane aus, daher ist es nicht unwahrscheinlich, einen Fasanruf zu hören. Niemals zuvor ging es einer Art nur deshalb so gut, weil sie sich so leicht töten lässt.[18]

Männliche Fasane krähen, und zwar das ganze Jahr hindurch. Das hört sich an wie eine rostige Gießkanne. Im Frühling tun sie es verstärkt und suchen dazu kleine Erhebungen auf, um dem Krähen, das sie zudem mit ungestümem Flügelschlagen unterstreichen, noch mehr Nachdruck zu verleihen. Eigentlich ein ziemlich lächerliches Bild. Fasane sind überhaupt nicht cool, sie versuchen zwar immer, sich zu verstecken, aber ihre Ausdauer dabei ist begrenzt. Irgendwann verlieren sie die Nerven und fliegen auf – was sie zu einer leichten Zielscheibe macht. Dabei erzeugen sie eine Reihe von merkwürdigen glucksenden Lauten, mit denen sie Passanten erschrecken und Pferde scheu machen.

---

18 Die Zahl 40 Millionen ist ziemlich schockierend. Auch in Deutschland wird der Fasan aus jagdlichen Gründen ausgesetzt und bildet vermutlich keine langfristig selbsttragende Population, wenn auch nicht in dieser Größenordnung. Hierzulande unterliegt das Auswildern von Arten, die dem Jagdrecht unterliegen, neben dem Bundesnaturschutzrecht und Bundesjagdgesetz jeweils noch den Regelungen der Länder. Jeder Revierinhaber hat solche Aktionen (ähnlich wie den Abschussplan) mit der jeweils zuständigen Behörde abzustimmen. Auch sind im Gegensatz zu Großbritannien Reviere in Deutschland selten reine Niederwildreviere (Anm. d. Redaktion).

Das einheimische Rebhuhn ist inzwischen traurigerweise eine seltene Erscheinung. (In Großbritannien war dies für Jäger Grund genug, das nichtheimische Rothuhn anzusiedeln sowie einen engen Verwandten, das Chukarhuhn; dessen Ruf wurde von den Rothühnern übernommen, die inzwischen gerne „Chukar-chukar-chukar" rufen, aber dies nur am Rande.) Rebhühner lebten früher in offenen Landschaften an Feldrändern und Gräben, am Rand unweit von Hecken, wo sie krächzend-heisere, rhythmisch-gluckernde Laute von sich gaben.[19]

Doch zurück zu den echten Vögeln.

---

19 Europaweit ging der Bestand des Rebhuhns seit 1980 um 94 Prozent zurück. Um auf die extrem kritische Lage aufmerksam zu machen, wurde es 1991 zum Vogel des Jahres gewählt, und der Deutsche Jagdverband erklärte das Jahr 2016 zum „Jahr des Rebhuhns" (Anm. d. Redaktion).

FREUT EUCH!

Jetzt, im zweiten Frühling des Vogellauschers, macht alles auf einmal Sinn. Plötzlich wird Ihnen klar, warum Sie sich durch dieses Buch gekämpft haben. Weil es Ihnen Freude bereitet!

Die Freude stellt sich spätestens ein, wenn Sie die ersten zurückkehrenden Zugvögel hören, und dauert mindestens so lange an, bis alle restlichen Sommergäste eingetroffen sind. Sie freuen sich, weil Sie Vögel wiedererkennen und sich in die Lage versetzt sehen, neue Stimmen aus dem Chor herauszuhören. Freude bereitet Ihnen auch die spezifische Schönheit der jeweiligen Vogellieder, auf die Sie jetzt achten können.

Die Griechen kennen eine schöne Begrüßung: *Chairete*! Ein Imperativ, also eigentlich eher ein Befehl: Freut euch! In seinem Buch „Meine Familie und andere Tiere" verwendet Gerald Durrell eine Abwandlung dieses Grußes in dem Kapitel „Holder Frühling": „Seid glücklich! Wie könnte man in dieser Jahreszeit auch nicht glücklich sein?"[20]

Gründe dafür, ein Vogellauscher zu werden, gibt es zuhauf: um Vögel voneinander zu unterscheiden, um eine Liste jener Vögel zu erstellen, die man gehört hat, um Spaziergängen und Wanderungen Sinn zu geben, um eine ornithologische Studie durchzuführen, um mehr über Musik zu erfahren, um mehr über Melodie und Rhythmus zu lernen, um das Wissen in puncto Artenvielfalt zu vergrößern, um Antworten auf interessante Fragen zu anerzogenem und angeborenem Verhalten zu bekommen. All diese ehrenwerten und wichtigen Gründe schwangen stets mit, als ich dieses Buch verfasste, aber der wichtigste Grund ist für mich, dass jeder Vogel in der

---

20 Gerald Durrell: Meine Familie und andere Tiere, München 2018.

Lage ist, seinen Zuhörern Freude zu bereiten – einen Tag lang, ein Jahr lang oder sogar ein Leben lang.

Der erste Rückkehrer ist der Zilpzalp. Wenn sein rhythmisches Lied aus dem Wipfel eines Baumes ertönt, werden Sie ihn wie einen alten Freund begrüßen, er wird Ihnen das Herz öffnen und die Vorfreude auf die wunderbare, glückbringende Jahreszeit noch einmal steigern.

Schon bald werden sich die fröhlichen Zwitschertöne der Schwalben daruntermischen, die glockenklaren Laute der Mönchsgrasmücken und das süße Gewisper der Fitisse. Das große Musikdrama des Frühlings wird von den Sommergästen beherrscht, und Sie werden weit mehr als bisher mittendrin sein.

Dennoch gibt es noch einiges zu lernen. *Chairete*!

DIE MEHLSCHWALBE

Mehlschwalben geben ein etwas gequetscht klingendes „Brrrt“ von sich. Sie treffen mehr oder weniger gleichzeitig mit den Rauchschwalben ein und sind typische Gebäudebrüter, die ihre kunstvollen Lehmnester unter überstehenden Haus- und Scheunendächern bauen. Leider sind auch sie nicht mehr so zahlreich wie einst, aber man sieht sie schon noch regelmäßig. Man erkennt sie leicht an ihren weißen Hinterteilen, wenn sie knapp oberhalb der Grasnarbe dahingleiten.

Und natürlich an den Lauten, die sie erzeugen. Diese Vögel fühlen sich erst so richtig wohl, wenn sie von vielen Artgenossen umgeben sind, mit denen sie unentwegt Kontakt halten. Wenn die Luft voller „Brrrts“ ist, brauchen Sie nur nach oben zu blicken, um einen Trupp Mehlschwalben auf Insektenjagd beobachten zu können.

Ein Lied haben Mehlschwalben auch, ein nettes Gezwitscher, aber relativ leise und somit nicht wirklich tauglich, um sie daran zu erkennen. Sie singen nur in unmittelbarer Nähe des Nestes – oder besser noch im Nest. Da sie in Kolonien nisten, verteidigen sie auch kein Revier, sondern eben nur das Nest (in dem sich das Weibchen befindet) – und deshalb muss der Gesang auch nur so laut sein, dass ihn die Nachbarn mitbekommen.

Nicht zu verwechseln ist die Mehlschwalbe mit der Rauchschwalbe. Letztere hat einen Rote Kehle und einen tief gegabelten Schwanz, daran erkennt man sie leicht. Wie die Mehlschwalben jagen sie im Flug nach Insekten, aber in der Regel in niedrigerer Höhe.

DIE GARTENGRASMÜCKE

Zwölf Jahre nach Vollendung seines „Catalogue d'oiseaux" schrieb Messiaen „La Fauvette des jardins", die Gartengrasmücke. In der Einspielung, die ich besitze, dauert das Stück geschlagene 33 Minuten und 24 Sekunden. In der Tat ist die Gartengrasmücke ein außergewöhnlicher Vogel, einer für Kenner, an dessen Stimme man sich herantasten muss. In Ihrem zweiten Frühling als Vogellauscher ist es aber so weit.

Gartengrasmücken und Mönchsgrasmücken sind leicht zu verwechseln. Ich empfehle: nicht hinsehen und sich auf das Gehör verlassen. Wer den Liedern beider Vögel genau lauscht, wird feststellen, dass sie nicht gar so ähnlich sind. Der Grund dafür ist einfach: Wenn ein Vogel singt, tut er dies, um von Artgenossen sofort verstanden zu werden. Wie bereits gesagt, ist der Gehörsinn bei Vögeln besser entwickelt als bei Menschen, und es läuft ihrem Interesse zuwider, eine Nachricht auszusenden, die nur den geringsten Anlass zu Missverständnissen geben könnte. Unklarheit oder Zweideutigkeit gehören nicht zur Rhetorik von singenden Vögeln. Man kann es vielleicht so umschreiben: Die Mönchsgrasmücke hat opulentere, extravagantere Flötentöne in petto und ihr Lied weist mehr Struktur auf: Stopp und Start.

Wir wollen uns aber nicht damit beschäftigen, was der Gartengrasmücke fehlt, sondern was sie dafür zu bieten hat. Gartengrasmücken singen, und zwar sogar mehr als jeder andere Sänger; ihr Lied ist eine Folge ziemlich schöner Töne und ziemlich schnell. Zwar ist es nicht so lang und ausdauernd wie das der Feldlerche – an sie reicht in dieser Hinsicht niemand heran –, aber es hat sehr lange Strophen. Dadurch wirkt es weitschweifend, forschend, als würde der Vogel improvisieren und sich dabei nie ganz sicher sein, wohin seine musikalische Reise ihn führen wird. Doch verhindert seine subtile Virtuosität dann irgendwie ein Durcheinander.

Dem Lied fehlen harte, längere und laute, reine Töne. Das Ganze verströmt eher eine Gesprächsatmosphäre, sowohl was das Tempo als auch die Tonhöhe angeht. Gartengrasmücken singen immer aus einem Versteck heraus, oft in Kopfhöhe oder knapp darüber – durchdacht, kontrolliert, fantasievoll, mit persönlichen Variationen und erstaunlichen Nachahmungen. Es sind Vögel, auf deren Lied zu warten sich lohnt. Die Gartengrasmücke ist ein zurückhaltender Meister, ein Virtuose des Understatements. Sie singt gerne und tut dies noch spät in der Saison. Und sie singt auch, wenn sie in ihrem Winterquartier im südlichen Afrika eingetroffen ist, in den bewaldeten Savannen, in denen die Gartengrasmücke die Gärten des englischen Frühlings vergisst und stattdessen für die Elefanten singt. Ich bin ihr Fan.

DIE DORNGRASMÜCKE

Wenn ein Freund von mir, der in einer Rockband spielt, die Sängerin auffordert, möglichst „dreckig" zu singen, zielt dies auf eine Art Reibeiseneffekt ihrer Stimme (eine Technik, die man lernen kann). Diesen Reibeiseneffekt beherrscht die Dorngrasmücke par excellence. Ihr Lied kann als kratzend, knirschend und irgendwie immer ein bisschen krächzend beschrieben werden.

Die Dorngrasmücke ist damit so etwas wie der Rod Stewart unter den Sängern. Ganz Grasmücke, singt auch sie in Hecken, dichtem Geäst und Blattwerk, das ihr Schutz bietet, je dorniger, je lieber. Gepriesen sei der Tag, an dem die Hecke, die ich gepflanzt hatte, dicht genug war für eine Dorngrasmücke!

Das Lied ist kurz, aber unverkennbar. Dann und wann scheint die Dorngrasmücke aber alles um sich herum zu vergessen, steigt aus den Dornen und flattert stolz und übermütig über seinem Versteck nach dem Motto: Was juckt mich der Sperber, ich bin großartig, und mir ist alles egal. Die singende Dorngrasmücke zeigt sich in einem Zustand akuten Sexrausches, ihr Lied ist auf einmal deutlich intensiver und auch lieblicher.

So ekstatisch sie sich geben können, so schnell verstummen und verschwinden sie nach dem Frühling wieder.

DIE NACHTIGALL

Der Schluss gebührt dem Meister aller Sänger: der Nachtigall. Um eine Nachtigall zu erleben, nehmen Vogelbeobachter weite Strecken in Kauf. Wer keine ornithologischen Freunde hat, die wissen, wo man eine Nachtigall finden könnte, setzt sich am besten mit einer Vogelschutzorganisation in Verbindung (vielleicht ein Anlass, einen Beitritt in Erwägung zu ziehen und an dieser Stelle zu betonen, wie sehr unsere Vögel doch auf Hilfe angewiesen sind, mehr denn je).

Die Nachtigall zählt zu den wenigen Vögeln in diesem Buch, die man sehr wahrscheinlich nie zu Gesicht bekommen wird. In Großbritannien, dem nördlichsten Verbreitungsgebiet, findet man sie fast ausschließlich im Süden des Landes. In Deutschland brüten etwa 95.000 Paare. Der Bestand schwankt, abhängig von vorhandenen Brutplätzen, Witterungsbedingungen und – da sie in Bodennähe brütet – Überschwemmungen.

Wie der Name vermuten lässt, singt die Nachtigall nachts. Aber nicht nur. In einem relativ kurzen Zeitraum – zwischen Ende April und Anfang Juni – singt sie fast ohne Unterbrechung. Danach ist die Show abrupt vorbei. Sie verstummt, bis sie im nächsten Jahr wieder zu ihrer Brutstätte zurückkehrt. Noch am Höhepunkt der Gesangsaktivitäten ragen die Nachtigallen deutlich aus dem Chor der Vögel heraus, der tagsüber erklingt. Und gar nachts sind ihre Lieder überwältigend. Als ich einmal nachts um drei Uhr im besagten Minsmere, dem Naturschutzgebiet in Suffolk, aus meinem Wagen ausstieg und noch keine drei Schritt gegangen war, berauschte mich eine Nachtigall, während im Hintergrund das dunkle Hornsignal der Rohrdommel erklang – das ist eben Minsmere.

Wenn ich anderswo auf der Suche nach Nachtigallen aus dem Wagen steige, passiert oft gar nichts. „Gestern hat hier aber noch eine Nachtigall gesungen …“ Ich kam also in der folgenden Nacht noch einmal wieder, und da hörte ich sie. Ich musste anderthalb Kilometer laufen, bis ich in ihrer Nähe war, so weit trägt dieses außergewöhnliche Lied in einer stillen Nacht.

Es ist geradezu endlos komplex. Ein Nachtigallenmännchen brachte in einer Studie 250 verschiedene Strophen zu Gehör, die es aus einem Repertoire von 600 Phrasen zusammenstellte. Dabei enthält das Lied zwei unverkennbare Grundtöne: Der erste ist der berühmte Nachtigallenschluchzer, ein unbeschreibliches, klares, an Intensität und Lautstärke stetig zunehmendes Pfeifen, das quasi in einem Orgasmus endet, wie in der Restaurantszene aus „Harry und Sally“. Der zweite ist ein dunkles, pulsierendes Klopfen. Das Lied der Nachtigall ist noch viel mehr als nur schön – es ist voller Leidenschaft und wirklich laut.

„Twit twit twit
Jug jug jug jug jug jug“

Wie es T. S. Eliot in seinem Poem „Das wüste Land“ beschrieb – ein Beispiel dafür, dass selbst dem großen Dichter die Worte fehlen und er die Pii-uu-Regel bricht.

Die Nachtigall beschenkt uns nicht „nur“ mit Melodien und Rhythmen. Zwischendrin überrascht sie mit erstaunlich harschen, ungeschliffenen Tönen, sie krächzt und knirscht, um anschließend mühelos zu den schönsten Tönen zurückzukehren, die man sich nur vorstellen kann. Die Bandbreite ist einfach enorm und das Lied, ich wiederhole mich gerne, überwältigend. Eine Aufnahme vermittelt nur ansatzweise das Erlebnis, das das Hören des Liedes in der

Natur und womöglich nachts, wenn rundum Stille eingekehrt ist, darstellt. Wer es einmal gehört hat, wird das Lied immer wiedererkennen. Mit ein wenig Übung erkennt man es bereits mit dem ersten Ton. Der Vogel ist ein Ausnahmekünstler.

Das Lied der Nachtigall klingt so engagiert, so ernsthaft, so triumphierend, so freudig und vor allem so musikalisch, dass es fast unglaublich erscheint, dass der Vogel dabei nur wie bei einer Uhr auf einen inneren Mechanismus reagiert. Es ist unmöglich, das Lied der Nachtigall zu hören, ohne den Eindruck zu gewinnen, man lausche einem Wesen, das das Singen liebt. Dieser Vogel ist eine Paraphrase auf Descartes: *canto ergo sum* – ich singe, also bin ich.

Sollten Ihnen die Vorstellung, dass auch ein nichtmenschliches Wesen ein bewusster Künstler sein kann, nicht ganz abwegig erscheinen, wird die Nachtigall Sie endgültig überzeugen. Zu denken, dass die Nachtigall ihre eigene Brillanz nicht wahrnimmt, ist für mich vollkommen unverständlich. Es gibt Menschen, die dies für abwegig halten, aber die haben sicher niemals in einer lauen Maiennacht einer singenden Nachtigall gelauscht.

Manche Vogellauscher heben auch die Pausen in dem Lied der Nachtigall hervor. Die Art, wie der Vogel kunstvoll Spannung aufbaut und diese anschließend, nach dramatischer Verzögerung, wunderbar auflöst. Über die Nachtigall wurde so viel geschrieben, sie hat so viele Dichter inspiriert, und niemals enttäuscht einen der Vogel. Für mich ist das Lied der Nachtigall jedes Jahr im Mai wieder genauso großartig wie vor 20 Jahren, als ich es zum ersten Mal bewusst wahrgenommen habe.

Es gibt Vogellauscher, die finden, dass das Lied einen schlichtweg überfordert. „Birds Britannica“, das großartige Standard-Nachschlagewerk, zitiert den Staatsmann und Ornithologen Lord Edward Grey mit den Worten, er würde Amseln niemals gegen

Nachtigallen eintauschen wollen: „Es ist ein Lied, dem man gern zuhört, aber keines, mit dem man gerne lebt.“ Das Buch zitiert auch den amerikanischen Naturforscher Louis Halle: „Es ist wie mit Bach, mit Botticelli oder mit Shakespeare. Manchmal hofft und betet man, das Lied möge endlich aufhören.“

Freilich, das Lied geht an die Nieren. In seinem exzellenten Buch „Bird Songs & Calls“ schreibt Geoff Sample, dass die Nachtigall „viel mehr als einfach ein guter Musiker ist, sondern ein Gesangsathlet, sie haut dich um wie eine Operndiva oder die Leadgitarre einer Heavy-Metal-Band.“

Das Lied berührt uns Menschen mit ungeahnter Intensität. Gar nicht auszudenken, was es bei weiblichen Nachtigallen auslösen mag.

HERZSCHMERZ

Wie jeder alte Meister sein Marienbild malte, musste wohl auch jeder Dichter der Nachtigall mindestens ein Gedicht widmen.[21] Man kann seine eigenen Schlüsse aus den Schlüssen ziehen, die die Dichter zogen. Eins lässt sich ganz sicher sagen: Vogelgesang hat Menschen schon immer stark berührt, und zuallererst regen die großen Sänger unter den Vögeln, Feldlerche und Nachtigall, die Dichter dazu an, es ihnen in Worten gleich zu tun.

Eines der berühmtesten Nachtigallengedichte ist „Ode an eine Nachtigall" von John Keats, das mit den großartigen Zeilen anhebt:

> My heart aches and a drowsy numbness pains
> My sense, as though of hemlock I had drunk …

> Mein Herz schmerzt und eine schläfrige Taubheit quält mich
> Meine Sinne, als ob ich von einer Hemlocktanne getrunken hätte …

Eine interessante Bemerkung, die zu der wissenschaftlichen Annahme passt, dass das Lied der männlichen Nachtigall eine chemische Veränderung im Gehirn der Weibchen bewirkt. Keats hörte die Nachtigall in Hampstead und schrieb sein Gedicht daraufhin angeblich an einem Tag. (Schade, dass es dort heute keine Nach-

21 Der Herkunft des Autors gemäß stammen alle aufgeführten Beispiele aus der englischen Literatur. Aber auch die deutsche Dichtung ist eine nahezu unerschöpfliche Fundgrube, wenn es um Nachtigallenlyrik geht, darunter so prominente Namen wie Ernst Moritz Arndt, Ludwig Bechstein, Otto Julius Bierbaum, Sophie Brentano, Matthias Claudius, Joseph von Eichendorff, Julius Eichrodt oder Friedrich Hölderlin (Anm. d. Redaktion).

tigallen mehr gibt, um den Geist zu befördern.) Keats überführt den Affekt, den er bei sich als Reaktion auf das Lied der Nachtigall wahrnimmt, in eine Meditation darüber, wie letztendlich unbefriedigend das Vergnügen ist und wie unausweichlich der Tod. Und so stellte er sich „halb verliebt in den sanften Tod“ vor, er wäre tot und beerdigt und über ihm sänge die Nachtigall:

> Thou wast not born for death, immortal Bird!
> Du warst nicht geboren für den Tod, unsterblicher Vogel!

Samuel Taylor Coleridge zitierte John Miltons Sicht auf Nachtigallen, um sie rundweg abzulehnen:

> And hark! The nightingale begins its song.
>
> "Most musical, most melancholy" Bird!
> A melancholy bird? O idle thought!
> In nature there is nothing melancholy.
>
> Und hört! Die Nachtigall beginnt ihr Lied.
> „Musikalischster, melancholischster“ Vogel!
> Ein melancholischer Vogel? Oh, nutzloser Gedanke!
> In der Natur ist nichts melancholisch.

Angemerkt sei, dass bei fast allen Vogelgedichten die Reaktion des Dichters (oder des lyrischen Ichs) im Mittelpunkt steht, nicht der Vogel selbst. Nicht der Vogel, sondern die Bedeutung des Vogels für das menschliche Subjekt zählt also. Der Vogel wird zu einem Symbol, sein Dasein erfüllt nur den einen Zweck, ein menschliches Gefühl oder Problem in den Fokus zu rücken. Als hätte der Vogel selbst keinerlei Bedeutung (wie ein Baum, der in einem menschenleeren Wald umfällt), wenn er nichts über das Menschsein aussagte.

John Milton hielt es mehr mit der Liebe:
Thy liquid notes that close the eye of day
First heard before the shallow cuckoo's bill
Portend success in love …

Deine flüssigen Noten, die das Auge des Tages schließen
Man hört sie vor dem seichten Programm des Kuckucks
Wie sie Glück in der Liebe ankündigen …

Insofern unterscheidet sich John Clare von vielen Dichtern, denn er ist durchaus an den Vögeln an sich interessiert. Vielleicht schrieb er nicht das beste Gedicht, aber jedenfalls eine entsprechende Lobeshymne:

… all the live-long day
As though she lived on song …
Mouth wide open to release her heart
Of its out-sobbing songs.

… den langgelebten Tag lang
So als würde sie vom Gesang leben …
Den Schnabel weit geöffnet, um ihr Herz
Von ihren traurigen Liedern zu befreien.

Für uns Menschen handelt das Lied der Nachtigall selbstverständlich von Liebe, sowohl im Sinne intensiver Gefühle als auch im Sinne des dringenden Bedürfnisses, jenen Gefühlen körperlich

Ausdruck zu verleihen. Das ergibt auch aus ornithologischer Sicht Sinn, das ist der Kern des Liedes der echten Nachtigall, nicht der imaginären. Den Gedanken weiterzuspinnen, bringt nichts, aber das Lied – ungeachtet dessen, welche menschliche Bedeutung man ihm beimisst – erfordert die größtmögliche Kraftanstrengung. Ein solches Lied zu erzeugen, verlangt totalen Körpereinsatz, und zwar wochenlang – mit kurzen Unterbrechungen für die Nahrungssuche. Hochstapler enttarnen sich da sehr schnell. Der Vogel tut alles dafür, um so zu singen, wie er singt, und diese enorme physische Leistung, diese Energie überträgt sich, meine ich, wie von selbst – ohne jeglichen Anthropomorphismus – auf den lauschenden Menschen.

Mit dem Einsetzen des morgendlichen Vogelkonzerts nimmt die Liebesnacht von Romeo und Julia ein Ende. Julia sagt:

> "Wilt thou be gone? It is not yet day.
> It was the nightingale and not the lark
> That pierced the fearful hollow of thine ear.
> Nightly she sings in yon pomegranate tree,
> Believe me, love, it was the nightingale."

Romeo erwidert:

> "It was the lark and herald of the morn,
> No nightingale …
> Farewell, farewell, one kiss and I'll descend … "

> JULIA
> Willst du schon gehn? Der Tag ist ja noch fern.
> Es war die Nachtigall, und nicht die Lerche,

Die eben jetzt dein banges Ohr durchdrang;
Sie singt des Nachts auf dem Granatbaum dort.
Glaub', Lieber, mir: es war die Nachtigall.

ROMEO
Die Lerche war's, die Tagverkünderin,
nicht die Nachtigall …
Leb wohl, leb wohl, Ich steig' hinab: laß dich noch einmal küssen …"

Wie Ihnen sicher nicht entgangen ist, ist die singende Nachtigall hier … ein Weibchen. Angenommen wurde, dass sie unerträglichen Liebeskummer durchlitt und aus dem Grund während ihres Liedes ihr Herz mit einem Dorn durchbohrte:

"She, poor bird, as all forlorn
Leans her breast up-till a thorn."

„Sie, armer Vogel, als wäre alles verloren,
lehnt ihre Brust an einen Dorn."[22]

Abschließen möchte ich diesen Lobgesang auf die Liebe – Liebe für uns Menschen und für die Nachtigallen – mit einem ganz schlichten erotischen Gedicht eines unbekannten Dichters. Die Lautenmusik dazu stammt von John Dowland.

The dark is my delight;
So 'tis the nightingale's.

---

22 Aus einem Gedicht des Dichters Richard Barnfield aus dem 17. Jahrhundert.

My music's in the night;
So is the nightingale's.
My body is but little;
So is the nightingale's.
I like to sleep next prickle;
So doth the nightingale.

Die Dunkelheit ist meine Freude;
So auch die der Nachtigall.
Meine Musik klingt in der Nacht;
So auch die der Nachtigall.
Mein Körper ist klein;
So auch der der Nachtigall.
Ich schlafe gern neben Dornen;
So tut es auch die Nachtigall.

LIEBLICHE MUSIK

Wir sind nicht allein. Das ist der unweigerliche Rückschluss, nachdem wir uns gründlich mit Vogelstimmen vertraut gemacht haben. Die Lieder und Rufe der Vögel sind fast überall und immer um uns herum, sogar in Städten, das ganze Jahr hindurch. Die Klänge, die Vögel erzeugen, sagen etwas über die Landschaft aus, in der sie leben: Es sind die Klänge der Landschaft, die Essenz der Landschaft.

Vögel kann man nicht nur gut sehen, sondern manchmal auch noch besser hören. Es sind die Lebewesen, die wir am häufigsten wahrnehmen, ausgenommen uns selbst natürlich. Kein Tier wurde besser erforscht, kein Tier ist so beliebt. Vogelstimmen sagen uns, dass wir unseren Planeten mit anderen Lebewesen teilen und wir nicht einfach nur unser Ding machen können und dürfen.

Ich hoffe sehr, dass die Lektüre dieses Buches Ihr Bewusstsein erweitert hat, dass Ihnen deutlich geworden ist, von wie vielen verschiedenen Vogelarten wir umgeben sind. Und dass Sie jetzt einen Buntspecht erkennen, wenn Sie durch den Park spazieren, die Singdrossel und das Rotkehlchen am Bahnhof hören und im Garten nicht nur die Amsel wahrnehmen, sondern Heckenbraunelle und Mönchsgrasmücke an ihrem Gesang identifizieren können.

Wer Vögeln zuhört und sie beobachtet und somit seine Wahrnehmung schärft, der schärft gleichzeitig sein Bewusstsein für die Unterschiede zwischen verschiedenen Arten. Dieses Buch, in dem im Grunde nur wenige – die auffälligsten – Vogelarten behandelt werden, ist ein Lobgesang auf die Artenvielfalt. Schon in einem durchschnittlichen Vogelführer werden Sie mit mehr Vogelarten konfrontiert, als Sie jemals in Ihrem Leben sehen oder unterscheiden werden, außer Sie haben beschlossen, zu einem absoluten Experten auf diesem Gebiet zu avancieren.

Sind nicht die zahlreichen Vogelarten, die Sie noch nicht kennen – weltweit gibt es insgesamt etwa 10.000 wie gesagt, viele, die meisten, werden Sie niemals kennenlernen können – das Spannende an diesem Hobby – das Unerschöpfliche? Die Tatsache, dass das Leben eine so große Formenvielfalt kennt, ist aufregend. Eine Möglichkeit, dies zu begreifen, ist das Vogelstimmenlauschen. Gibt es etwas Schöneres, als während eines Waldspaziergangs ein gutes Dutzend Vogelarten zu hören, während es bis vor Kurzem vielleicht zwei waren?

Und noch etwas: Obwohl wir von der Einmaligkeit und Ausnahmestellung des Menschen ausgehen, sind wir keineswegs allein. Wenn wir Vogelstimmen lauschen, überschneiden sich immer wieder die Bereiche, verschwimmen Grenzen, man betritt Grauzonen, die zwischen akzeptierten Wahrheiten liegen. Menschen sind Menschen und Vögel sind Vögel, aber wie starr sind diese Grenzen zwischen uns und anderen Lebewesen auf der Erde, die wir im Zuge unserer Entwicklung gezogen haben?

Ob Bach oder Beatles, ob Mozart oder ein Star, wir reagieren alle auf Musik. Musik gehört zu unserem Leben: Uns bewegen die Worte in berühmten Musikstücken, und wir klopfen fröhlich mit unseren Füßen den Takt, sobald wir ein tolles Lied hören. Wenn wir uns gut fühlen, verschönern wir sogar den unangenehmen Hausputz mit dem Trällern eines Liedes. Vögel singen ebenfalls. Amseln und Menschen sind beide musikalische Geschöpfe, beide reagieren auf Musik und beide machen Musik.

Diese Verbindung zwischen dem Menschen und anderen Lebensformen hat mit Gefühlsduselei nichts zu tun, sondern ist eine biologische Angelegenheit. Was uns mit den Vögeln verbindet, sind unsere gemeinsamen Vorfahren und auch dieser eine Planet, den wir teilen, zumindest in evolutionärer und ökologischer Hinsicht. Verbunden sind wir aber auch durch die Umstände und unseren gemeinsamen Sinn für Rhythmus und Melodie.

Wir alle sind kreative Wesen. Wir sind kreativ bei dem, was wir tun, sogar bei unseren häuslichen Pflichten: Ein tolles Essen kochen oder ein schönes Bücherregal konstruieren, sind kreative Handlungen. Vögel bauen Nester und erzeugen Lieder. Ob Vögel bewusste Künstler sind oder nicht, darüber lässt sich streiten, aber kreative Wesen sind sie allemal. Und das Kreative in uns Menschen reagiert mitfühlend auf das noch kreativere Repertoire der Sänger. Einem Vogel seine Kreativität abzusprechen, ist für mich ebenso unsinnig, wie zu behaupten, sein Lied sei nicht schön.

Wir können unser Mitgefühl über die Grenzen unserer eigenen Art hinaus ausweiten bis hin zu den Vögeln und ihrer Welt aus Farben und Klängen. Möglich ist dies, weil es sich um die gleiche Sinneswelt handelt, in der wir leben. So bekommen wir auch ein genaueres Verständnis dafür, wie das Leben auf unserem Planeten funktioniert. Wer Vögeln lauscht, dem wird bewusst, dass das Leben nicht funktioniert, wenn es nur eine einzige Superart gibt und alle anderen Lebensformen zweitrangig sind. Viele verschiedene Dinge, komplex miteinander verwoben, müssen stattdessen harmonieren. Wir Menschen sind nur ein Teil des großen Ganzen, zu dem Kreativität, Verständnis und das Leben gehören. Wer Vogelstimmen lauscht, kann mit seinem Herzen, seinem Verstand, seinem Gefühl und seiner Seele verstehen lernen. Und, was noch schöner ist, er kann es genießen.

Lauschen Sie. Hören Sie die Bedeutung, die Wahrheit, das Leben. Lauschen Sie den Vögeln.

Insekten gibt es unzählbar viele, sowohl einzelne Individuen als auch Arten. Wer eine Weile unter Bäumen dahingeht, wird bald von Wolken von Mücken begleitet, die in der Luft herumschwirren, tanzen und darauf warten, um Weibchen buhlen zu können. In einem blühenden Strauch surrt es heftig. Der frühe Frühling ist auch die Zeit des schnellen und beweglichen Männchens des Aurorafalters, der zielgenau Ausschau nach einem Weibchen hält: ebenso markant wie ein Vogel, nur weniger laut. Jeder Wald ist jetzt voller Raupen, die die meisten Menschen völlig ignorieren, wenngleich die großen Raupenfänger wie Blaumeisen und Kohlmeisen uns aus der Luft darüber informieren, dass es sie gibt. Könnten sie nicht tagtäglich Hunderte von Raupen fressen, wären sie nicht da und würden auch nicht singen.

Wirbellose gibt es überall: auf Blättern, Ästen und Zweigen, in der Erde, in verrottendem Pflanzenmaterial, in Kothaufen, im Wasser, über dem Wasser, in der bodennahen Luft, am Himmel. Winzige Spinnen kriechen zur Spitze eines Grashalms und hinterlassen einen langen seidenen Faden, der vom Wind mitgenommen wird und es der Spinne ermöglicht zu wandern.

Der Frühling ist ein Schlaraffenland, nicht nur für Vögel, sondern für alle Lebensformen, für alles, was in irgendeiner Form von der goldenen Zeit des Jahres profitieren möchte – zum Wachsen, zur Nachwuchszeugung, zur Erfüllung genetischer und evolutionärer Bestimmungen, damit das Leben weitergeht.

Dieser ganze riesige, unfassbare Prozess zeigt sich für uns Menschen nicht beim Zählen von Mücken oder Sammeln von Spinnen, sondern in den Liedern der Vögel. Ohne die Abermillionen von Insekten in der Luft, die wir in die Augen bekommen und die uns quälen, ohne all die Spinnen, die uns Angst einflößen, ohne all das Ungeziefer, das uns ärgert, gäbe es nicht die Schwalben, die den Sommer ankündigen. Jeder Ton eines Vogels ist wie ein Wunder: einer, dem zahlreiche Leben zum Opfer gefallen sind.

DIE TAUBEN

Tauben, die verlässlich über unseren Köpfen kreisen, werden mitunter als „fliegende Ratten" tituliert und gelten weithin als unerwünschte Ernteschädlinge. Dabei gibt es *die* Taube gar nicht, sondern hierzulande fünf verschiedene Taubenarten. Will man ihre Rufe in ihrer Eigenart und Besonderheit erfassen, muss man unterscheiden lernen und sie losgelöst voneinander betrachten.

Die Stadttaube

Fangen wir mit der Stadttaube an. Und auch mit den Brieftauben, den Straßentauben, den netten weißen Tauben im Taubenschlag, den Fächerschwänzen und Flugtauben, den Kropftauben, Purzlern und Rollern. Sie alle stammen von den Felsentauben ab, die mehr oder weniger ursprünglich noch in entlegenen, felsigen Gegenden vorkommen mögen. Vor vielen Jahrhunderten wurden sie domestiziert und seitdem zu unterschiedlichen Zwecken selektiv gezüchtet. Das ist ziemlich einfach, Tauben sind sehr anpassungsfähig und genügsam – ein zweifacher Vorteil für uns Menschen und wohl auch für die Vögel selbst. Sogar als wir sie nicht mehr als zusätzliche Eiweißquelle brauchten, hielten wir uns weiterhin Tauben, eben weil wir sie einfach gerne über uns kreisen haben. Gezüchtet werden sie aus den unterschiedlichsten, verrücktesten Motiven, es gibt hunderte Rassen und Spielarten. Es ist wie bei Hunden, aber jede gehört am Ende zur Familie. Charles Darwin war geradezu fasziniert von Tauben und tauschte sich intensiv mit den besten Taubenkennern, den Meistern der Taubenzüchtung, aus. Die Tauben sind ein wichtiger Bestandteil seines epochalen Werks „Über die Entstehung der Arten". Darwin argumentiert so: Wenn der Mensch Tiere mithilfe von selektiver Züchtung – künstlicher Selektion, wie er es nannte – erheblich und über relativ wenige Generationen hinweg verändern kann, dann werden im Laufe der Zeit, wenn eher die Natur als der Mensch am Werk ist und die natürliche statt der künstlichen Selektion als Prinzip hinter dem Ganzen wirkt, noch mehr dramatische Veränderungen stattfinden.

Deshalb ist es wichtig, den Ruf der Stadttaube von demjenigen der im Folgenden beschriebenen Arten unterscheiden zu können: Stadttauben klingen etwas heiser, ein mehr schnurrendes Gurren.

Die Ringeltaube

Die anderen vier Tauben, die wir hier behandeln, sind eigenständige Arten, die sich grundlegend von den Felsentauben und Stadttauben unterscheiden. Die Ringeltaube ist eine Wildtaube, kommt aber in besiedelten Gegenden gut zurecht, solange es dort Gärten, Parks und alte Bäume gibt. Ihr Ruf ist komplexer und rhythmischer. Ringeltauben können außerdem ausgezeichnet klatschen. Sie starten von ihrem Ansitz, klatschen beim Aufstieg überraschend laut mit ihren Flügeln, um anschließend über ihr Revier zu segeln – mit dem Ziel, anderen Ringeltauben zu signalisieren, dass sie bestens in Form sind. Schon anhand dieses Geräusches lässt sich eine Ringeltaube erkennen. Kein anderer Vogel steigt so explosiv aus einem Baum in den Himmel empor. Lauschen kann man diesem Geräusch, wenn man unter Bäumen spazieren geht, am besten in der Abenddämmerung, wenn sich die Taube bereits einen Platz für die Nacht gesucht hat. Der Spaziergänger fühlt sich dann einerseits schuldig, ein Störenfried zu sein, und andererseits gekränkt wegen des mangelnden Vertrauens der Taube.

Die Türkentaube

Während der letzten 50 Jahre hat sich die Türkentaube einen festen Platz in unseren Siedlungen und Ortschaften erobert und genießt dort die Nähe zu den Menschen, wo es noch einigermaßen entspannt zugeht. Sie hat sich spontan ausgebreitet, dieser niedliche, hübsche Vogel, der, wenn er in die Lüfte steigt, immer ein wenig wie ein Engel aussieht. Sein dreisilbiger, ausdauernd wiederholter Ruf hört sich allerdings an wie etwas unzufriedene Fußballfans: ziemlich monoton. Die alten Griechen erzählten sich folgende Geschichte, die den Ruf vielleicht etwas interessanter macht. Der wissenschaftliche Name des Vogels lautet *Streptopelia decaocto*, die Achtzehn-Halsketten-Taube: Als Jesus auf dem Weg zu seiner Kreuzigung unter extremem Durst litt, erblickte er eine alte Frau, die Milch verkaufte. Er bat sie um einen Schluck, worauf sie antwortete: „Das macht 18 Drachmen." Jesus erwiderte, er habe lediglich 17. Doch die Frau ließ sich nicht erweichen und beharrte auf 18 Drachmen: *Dekka-okto, dekka-okto*. Zur Strafe für ihre Unbarmherzigkeit wurde sie daraufhin in eine Taube verwandelt, verdammt dazu, ihren Ruf „Dekka-okto dekka-okto" ertönen zu lassen. Türkentauben rufen tatsächlich nicht nur im Frühling (wenn auch in dieser Jahreszeit deutlich öfter), sondern das ganze Jahr über.

Die Hohltaube

Noch eine Standtaube, bevor ich zum Sommergast komme – eine, die gute Chancen hätte, mit dem Preis für den meistübersehenen Vogel des Landes ausgezeichnet zu werden. Der Grund dafür ist möglicherweise, dass sie als Taube eher etwas unscheinbar daherkommt. Von der Größe ähnelt sie einer Ringeltaube, allerdings ohne die auffälligen weißen Stellen, aber ansonsten hat sie nur wenig Markantes zu bieten. Gleiches gilt eigentlich auch für ihr Lied, das man leicht überhört. Dennoch ist es durchaus hörenswert. Es besteht überwiegend aus einer Reihe von Gurr-Lauten, aber so stark betont, dass man meint, jeder Laut würde noch eine zweite Silbe enthalten. Irgendwie ist das Lied ein eindeutiges Sexlied. Hohltauben nisten am liebsten in Baumhöhlen und nehmen auch gerne Nistkästen, zum Beispiel für Schleiereulen, an. Vor einigen Jahren besetzten sie einen solchen Nistkasten bei mir zu Hause. Ich muss mir selbst immer wieder sagen, dass sie wichtiger sind als Schleiereulen, da sie weltweit auf der Roten Liste stehen. Dafür ist ihr Lied weniger dramatisch als das der Schleiereule, was für fast alle Vogellieder gilt. Dennoch ist es eins, das man sich merken sollte – schätzen Sie sich glücklich, wenn Sie es hören.

Was uns zur Stimme der Turteltaube führt.

Die Turteltaube

„Denn siehe, der Winter ist vergangen, der Regen ist vorbei und dahin. Die Blumen sind hervorgekommen im Lande, der Lenz ist herbeigekommen, und die Turteltaube lässt sich hören in unserm Lande." Herrliche Zeilen aus dem „Hohelied", dem wunderbar anzüglichen Buch der Bibel, das so manchem Kirchengänger half, eine lange Predigt zu überstehen. Wurde der Frühlingsanfang jemals besser zusammengefasst?

Turteltauben werden wegen ihres Rufs so genannt: „Turr turr". Ihr wissenschaftlicher Name ist *Streptopelia turtur*. Im späten Frühling ertönen die Turteltauben träge und schläfrig aus den Kronen der Bäume. Bei diesem Vogellaut denkt man unweigerlich an den Klang eines Tennisspiels, blühende Kastanienbäume, Bier im Garten und Dösen auf der Gartenliege. Es ist der Klang des Frühlings und des nahenden Sommers. Ein sonntäglicher Klang voller Frieden.

Leider ertönt das Lied der Turteltaube hierzulande immer seltener, nicht zuletzt, weil auf Malta das Turteltaubenschießen praktiziert wird, sobald die Vögel die Insel auf ihrer Reise von und nach Afrika überqueren. Als hätten es Zugvögel nicht bereits schwer genug. Schon aus diesem Grund ist es etwas Besonderes, sie zu hören: sanft und eher bedächtig schnurrend, ein Klang, der Behagen und Zufriedenheit hervorruft. Der Klang einer Welt, in der es immer Honig zum Tee gab und die verloren zu gehen droht. An diesem Klang sollte man sich erfreuen, solange es geht. Der Vogel ist vielleicht sogar mehr gefährdet als viele andere, die die traurige Ehre haben, auf der Roten Liste zu stehen.

WIESO DIE SÄNGER?

Wenn man Vogelstimmen unterscheiden lernen möchte, geht es am Ende eigentlich um die Sänger.[7] Denn sie sind so etwas wie Kapitel drei von „Ulysses". Erst liest man die ersten beiden Kapitel, in denen richtig Tempo und Schwung steckt, und fragt sich, warum es Menschen gibt, die behaupten, das Buch sei schwer zu lesen. Und dann kommt plötzlich ein Kapitel, das beginnt mit: „Unausweichliche Modalität des Sichtbaren: zum mindesten dies, wenn nicht mehr, gedacht durch meine Augen. Die Handschrift aller Dinge bin ich hier zu lesen."[8]

Spätestens hier geben die meisten verzagten Leser auf – wie so viele Hobby-Vogelbeobachter, wenn sie die Seiten im Vogelbuch über die Sänger erreichen. Sie werfen einen Blick auf die Abbildungen ausschließlich ziemlich kleiner Vögel, allesamt überwiegend bräunlich oliv-graugrün, und fragen sich, wie sie die jemals auseinanderhalten sollen. Sie sind sich alle so ähnlich! Nein, nein, das versuche ich erst gar nicht, es genügt mir, Rotkehlchen und Blaumeisen unterscheiden zu können …

Dann will ich Ihnen aber eins sagen: Auch ich tue mich schwer, die Sänger voneinander zu unterscheiden. Zumindest optisch! Da geht es mir wie den meisten Menschen. Bei manchen Sängern ist es aber auch nahezu unmöglich, sie aufgrund ihres Gefieders auseinanderzuhalten. Legen Sie mal einen toten Vogel in die Hände eines Experten, und er wird zunächst die Schnabellänge und die Länge

---

7 Genauer: die Familie der Sänger (*Muscicapidae*) und der Grasmücken (*Sylviidae*) innerhalb der Ordnung der Sperlingsvögel; Sänger und Grasmücken werden der Einfachheit halber hier beide unter „Sänger" gefasst.

8 James Joyce: Ulysses. Übersetzt von Hans Wollschläger.